# 海錯圖

## ·譯注·

壹

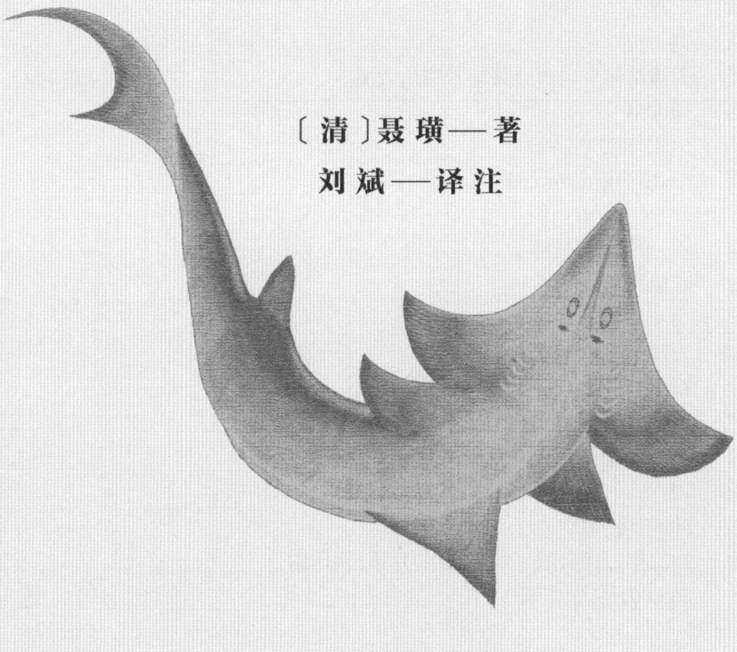

〔清〕聂璜——著
刘斌——译注

天津出版传媒集团
天津人民出版社

**图书在版编目（CIP）数据**

海错图译注：全三册 /（清）聂璜著；刘斌译注
. -- 天津：天津人民出版社, 2022.7
ISBN 978-7-201-18239-1

Ⅰ．①海… Ⅱ．①聂… ②刘… Ⅲ．①海洋生物—普及读物②《海错图》—译文③《海错图》—注释 Ⅳ.
①Q178.53-49

中国版本图书馆 CIP 数据核字 (2022) 第 068752 号

**海错图译注（全三册）**
HAICUOTU YIZHU

出　　版　天津人民出版社
出 版 人　刘　庆
地　　址　天津市和平区西康路35号康岳大厦
邮政编码　300051
邮购电话　（022）23332469
电子信箱　reader@tjrmcbs.com

责任编辑　陈　烨　王昊静
装帧设计　陈淑颖

印　　刷　天津海顺印业包装有限公司
经　　销　新华书店
开　　本　710毫米×1000毫米　1/16
印　　张　44.75
插　　页　12
字　　数　500 千字
版次印次　2022年7月第1版　2022年7月第1次印刷
定　　价　268.00元（全三册）

# 拂去蒙在宝珠上的尘埃

作为一名海洋生物研究者，我有幸为一些专业或者科普书籍写过序，但为一本古籍译注写序还是头一遭，恍惚间仿佛回到少年时代的课堂，面对老先生犀利的目光，卡在了“之乎”和“者也”间。

带着飘出天际的念想翻开正文，一只墨绿色兽首鱼身的水族映入眼帘。果然！它眼若铜铃，鳍如排刃，身着刺鳞，通体健硕，头上遍布如犬牙般的利刺，可怪的是，这么凶悍的组合整体上却是——“萌萌哒”！这只“鱼虎”伏在淡黄色纸页间，上有考据，下有赞赋，侧有三方朱红古印，仿佛一只上古的魔兽被封印在这方寸之间，那一瞬间的惊讶和不甘也被那淡淡的墨香锁住，无奈地瞠视着这无边世界中的我——一个渺小的人类。

书画都是美的，我不是鉴赏家不敢班门弄斧，但这不妨碍我感受到画页间扑面而来的美。看到自己平日里面对的那些黑白线条图变得如此生动鲜活真是开心，小赞如诗，考据雅而博物，科学与艺术在这里完美契合，让这本图谱优美流畅得如天外之音。感谢聂璜前辈，是他的才华和对自然生灵的热爱与坚持成就了这部传世之作。穿越数百年的岁月流光，向这位醉心于自然科学的前辈致敬！

从我的专业角度来看，《海错图》中所描绘的生物大致可分为三类。第一类完全“靠谱”，它来自作者几十年间的亲身实践。从现代生物分类学角度看，图谱涵盖了脊索动物门脊椎动物亚门的海洋鱼类、爬行类、哺乳类和鸟类，节肢动物门的甲壳动物、多足类、海蜘蛛和肢口类，棘皮动物门的海参、海星，软体动物门的鱿鱼、章鱼、双壳类，星虫动物门的星虫，环节动物门的沙蚕，腕足动物门的海豆芽，刺胞动物门的珊瑚，还有褐藻、绿藻、红藻等大型海藻类和海草、红树等高等海洋植物，描画的大多物种是我们今天仍然能看得到的。对于这一部分，作者的态度更趋向于科学、严谨。在聂璜的时代，系统的生物分类学还没有建立，但作者将今天看来是同类的物种在图谱中排放在一起就非常了不起了，书中的物种绘图和描述方式体现了作者对于前人的借鉴，更体现了自己的探索。书中物种多采用俗名，有的跟今天一致，很多物种的名称至今仍然在科学文献中使用，如鲈鱼、河豚、石首鱼、魟、鳐、锯鲨、双髻鲨、虎鲨、海獭、海蜘蛛、海参、章鱼、花蛤、江瑶、竹蛏、海豆芽、西施舌、龟足、海带、昆布、鹿角菜、海马等；有的虽然今天在学术上已不再使用，但经济种类的商品名仍然使用该图谱中所用的名称，如淡菜；有的是作者或引用古籍或使用民众赋予的形象化的称谓，比如“刺鱼化箭猪”“绿蚌化红蟹”，实际上就是今天的刺鲀、寄居蟹。作者用客观的文字和图画描述物种的形态特征、原产地、生活环境和习性，当我读到那些自己熟知的物种时，特别惊讶，此时这些绘画不再只是一幅幅艺术品，它对物种的形态、结构、比例、局部特征甚至着色、运动特点等都刻画得非常准确，有的图谱还描绘了物种依附的生存环境、天敌、食物，等等。这些图画与描述，绝不是潇洒写意的一蹴而就，而是建立在长期的大量的坚苦卓绝的观察、考究工作之上，是精雕细琢的结果，这种严谨的态度值得我辈尊敬、学习！

第二类半“靠谱”，这类物种应该大多来自作者的“道听途说”。鉴于那个时代交通不便、信息不畅，作者对这一类物种的了解可能来源于渔民的口述，市井酒肆间友人的闲谈，一些地方志、风物志中的记录，再加上作者的附会，成就了一些今天我们看来有些四不像或者张冠李戴的物种，比如书中的“鳄鱼”，在我看来就很像今天的蜥蜴。

第三类则完全不“靠谱”，这些生物只存在于志异类的古籍和上古神话、民间传说中，比如“人鱼”“海和尚”“鲨变虎”及各种“神龙”。

关于这些物种的描述来自古人对自然的敬畏和对神明的向往，是那个时代的人们对自然和生命的诠释。

第二、第三类物种多少冲淡了本书的科学味道，然而这并不重要，这些奇言妙语增加了此书的趣味性和故事性，它更像是一种历史与文化的传承，这些或普通或神异的生物也仿佛承担了更多的使命。

《海错图》是一件珍宝，我忍不住上网搜索了关于它的信息，遗憾地发现当代对于《海错图》的研究还太少——也许早年间它只是作为一本珍贵的古籍安静地躺在故宫博物院的玻璃柜里，但这绝不是作者的本意。

感谢本书译注者哈尔滨师范大学的刘斌先生，准确的翻译和讲究的语言表达让我有幸充分了解了这本古籍的深奥和优美。感谢天津人民出版社独具慧眼，让这传世的孤本走下高贵的神坛，来到大众面前。它是中华民族灿烂文化中一块瑰丽的宝石，我想无论是艺术家、古文学爱好者，还是生物学家、科普工作者、科普爱好者，都能从中获益。这是一件非常有意义的事情，愿更多的人、更多的机构能投身于古文化的研究和传播工作中，拂去蒙在宝珠上的尘埃，让它们绽放出璀璨的光华。

有机会在这部古籍再次面世前表达几句由衷之言，不胜惶恐之至。

是为序。

李新正

2019 年 6 月于青岛

海中鱗介等物多肖之虎鯊變虎鹿魚化鹿鼠鮎誘鼠牛魚療牛象魚鼻長獅魚腮濶鶴魚鶴喙燕魚燕形刺魚皮蝟鰩魚翅禽紅魚蠍尾豘魚豕心海驢肉腴海豹皮文海雞足胼海驢毛深海馬潮穴海狗塗行海蛇如蟒海蛭若螾鰈魚既佯鵜鶘人魚猶似猩猩海樹槎枒堅逾山木海蔬紫碧味勝山珍海鬼何如山鬼鮫人確類野人所謂山之所産海嘗兼之者如此若夫海之所産卵胎濕化其類既繁鱗介毛螺厥狀尤怪誠有禹鼎之所不能圖益經之所不及載者矣然此特具體而微者爾至稽海上偉觀鯉

# 海錯圖序

中庸言天地生物不測而分言不測之量獨於水而不及山可知生物之多山弗如水也明甚江淮河漢皆水而水莫大於海海水浮天而載地茫乎不知畔岸浩乎不知津涯雖丹嶂十尋在天池蕩漾中如拳如豆耳大哉海乎允為百谷之王而山何敢與京故凡山之所生海嘗兼之而海之所產山則未必有也何也今夫山野之中若虎若豹若獅若象若鹿若豕若驩若兕若驢若馬若雞犬若蛇蠍若蝟若鼠若禽鳥若昆蟲若草木何莫非山之所有乎而

淆難以品目所謂不可測也今予圖海錯甲乙魚蝦丹黄螺貝繪而名名而賛賛而考考而辨不猶然視海以為可測乎曰非然也予圖所採亦取其可見可知者而已其不及見知者何限哉然則博物君子披閱是圖慎毋曰燃犀一燭也謂吾以蠡測海也可

皆

康熙戊寅仲夏閩客聶璜存菴氏題於海疆之釣鰲磯

可堂也鰝可簾也蠔可阜也龜可洲也鼉可城也鰌脊任春也鰲首戴山也摩竭之魚吞舟也善化之蟹大九尺也北溟之鯤不知其幾千里也是豈山中鳥獸所能髣髴其萬一者所謂海之所產山未必能有者如此況乎網起珊瑚已勝丹砂之赤而宵行熠燿難侔蚌室之光山川出雲僅為霖於百里而潮汐與月盈虛直與天地相終始也山與海大小之量何如無怪乎生物多寡相去懸殊是以禹貢惟以錯稱海物也槩可知矣夫錯者雜也亂也紛紜混

悉其狀即雅士亦難審其音鱗虫雖曰三百六十屬說文韻書所載魚名既廣而不在典籍之內者尤不知凡幾此魚之於漁難盡識也予不識字愚等農夫賤同樵子乃敢越俎妄求識魚不大謬乎不知既不識字又不識魚坐老歲月何益乎緣是借海濱作濠上之遊數年以來得識海魚種種乃因識魚而并喜得識字若魞若魤若魥若鯽若鮢若鮹若鯡若鮻若鰆鯠若鱑魠若緣穌若鮥鯿若鰢鰂若鯸鮐若鮈蘜若鮑鮃若魦魺若鯑鮅若鰪鱂若鰺鱻若鰕鱃鮮魽若魨鯢鮮鰢鮁鮸鱌鯇以及鮃鯆鯑鮒鰝鰩鮻鯺鮂鰇鮊鰿魶鰨鮇鱋鯡鯴鯏鮗鰯鰁鯊鯋鰣鯚鰊鯖鰟鰲鮿鯈鯅鯙魭鰋鯛鮏鱄鮏鮔魩鱵鯾鮬鱍鰃鰵鮄魰鮈鯜鯣魮魜鱞鰔鰯魠等魚名皆因求識魚而反得識字者也若是乎海錯一圖居今稽古不為無益

觀海贊

水天一色萬國同春

魚鼈咸若四海蕩平

跋文

儒不識字農不識穀樵不識木漁不識魚四者非不識也不能盡識也字學正韻萬有一千五百二十廣韻二萬六千一百九十有四兼之篆隸異體雅俗異尚此字之於儒難盡識也稻黍稷麥菽五穀總稱也而穀又有百種之名百種之外品類繁多遲早異性風土異宜此穀之於農難盡識也書稱梏柏詩咏桑楊可知之木也其餘篇海所載木類彙苑所紀雜樹多有聞其名而不得見或見其木而悮稱其名此木之於樵難盡識也郭璞江賦魚稱鮹鰊鰇鮋鮻鰩鯩鰱張融海賦魚稱魺鱺鱅鮨鯡魞鯀鮹匯但漁叟未

年泰西國有異魚圖明季有職方外紀但紀者皆外洋國族所圖者皆海洋怪魚於江浙閩廣海濱所産無與也予圖海錯大都取東南海濱所得見者為憑錢塘為吾梓里與江甚近而與海稍遠海錯罕觀及客台甌幾二十載所見無非海物康熙丁卯遂圖有蠏譜三十種客淮揚訪海物於河北天津多不及浙水寒故也遊滇黔荊豫而後近客閩幾六載所見海物益奇而多水熱故也醫集云濕熱則易生蟲信然年來每覩一物則必圖而識之更考羣書核其名實仍質諸蜑户魚叟以辨訂其是非僉曰海物謫

# 圖海錯序

海錯自昔無圖惟蟹譜十二種唐呂亢守台所著異魚圖不知作者僅存有贊圖本俱失傳無可考考四雅諸類書數十種間亦旁及海錯而南越志異物志虞衡志侯鯖錄南州記魚介考海物記嶺表錄海中經海槎錄海語江海二賦所載海物尤詳至於統志及各省誌乘分識一方之海產亦甚確古今來載籍多矣然皆弗圖也本草魚蟲部載有圖而肖象未真山海經雖依文擬議以為圖然所誌者山海之神怪也非誌海錯也且多詳於山而畧於海邇

麗蘊螺肉錦蠣堪比鞋蝦可名琴魚針作繡海扇披襟沙

蛤染翰蚰螺織文逢冬則餒望潮畏臘得雨生花石蜐懷

春小蠏寄居豈惟蠙蛣諸螺變化亦類蛤蜃蠣隨竹石魟

種青黄蛳分銅鐵鱗別金銀蚶有絲布蟹辨蠘蟳海蛤空

墮岩乳氣凝鰒房九孔龜背七鱗鵝毛燕額無非魚品馬

蹄牛角並是蟶名龍目仙掌總歸介類虎頭鬼面均出蟹

形鰐聲畏鹿不殊巴蟒蟳威鬬虎更勝山君龍虱得風雷

而降燕窩冐雨露而成閩鄙甌文指質形於沙蒜遼玄粤

素分優劣於海參其餘泥筍土肉江緑海紅窑丁辣螺沙

異出人意想遐方之士聞名而不敢信海鄉之民習見而未嘗圖今君既見而信信而圖圖而且為之說可為海若之董狐矣曷編輯卷帙以為四方耳目新玩可乎戊寅之夏欣然合蠏譜及夙所聞諸海物集稿賸繪通為一圖首以龍蝦終以魚虎中間分類而雜見者蟹棹鱟帆巖若扁舟逐浪蜃市魚井恍疑萬灶沉淪瀛頭雲巫山幾片海底月皓魄一輪箬魚風籜竹魚霜筠楓葉魚冷落吳江文鰩魚踴躍天門柔魚乏骨鈎魚重唇錢魚慢藏鯧魚非滛石首馳聲遠近河豚流毒古今烏鰂懷墨朱鱉吐珍紫貝殼

石榼土瓶公子之所弄者泥猴海鷄介士之所愛者刀鯗劍蟶新婦魚和尚蠏恐難為伴海夫人郎君子或可同羣魚目無妻嗟有鰥之在下魦朐穴子較燕翼而尤深魚婢常隨魚母螺女誰為所親總之水族以龍為長鱗介盡屬波臣按其品類叅之典籍記載每缺而舛誤尤多圖内據書考實者五六十種蓋昔賢著書多在中原閩粤邊海相去遼濶未必親歷其地親覩其物以相質難土著之人徒據傳聞以為擬議故諸書不無小訛而爾雅翼尤多臆説疑非郭景純所撰本草博採海魚紕繆不少至於字彙一

筋石鑽蚌牙泥腸海胆天鸞羹味無窮殊難殫述雖然口腹之欲有盡而耳目之玩無窮請停鼎俎更問韶鈴則再觀夫掏鎗長槊擁劍短兵鯖藏利鏃鰳露白刃龜披征甲鼉束戰裙逢逢鼉鼓號令三軍步伐止齊各逞技能鼉明坐作蝦識退迎蛤長冲舉蟹利橫行車螯水運縧步郵聞執火秉燎吹沙揚塵犁頭前導撥尾後巡銅鍋造飯瓦屋安營覩彼洪波之鱗甲允稱海國之干城至於蠙珠魮玉瑇瑁琿璖則晶宮之所供御墨斗鯊鋸土坯泥釘則海屋之所經營乃若塗婆之所喜者螺梭魚鏡鮫人之所需者

由是觀之則茲海錯一圖豈但為魚圖蟹譜續垂亡哉其

於羣書之讐校或亦有小補云

旹

康熙戊寅仲夏閩客聶璜存菴氏題於海疆之掬潮亭

書即考魚蟲部内或遺字未載或載字未解或解字不詳常使求古尋論者對之惘然其他可知此字彙補正字通之所由以繼起也若夫誌乘之中通来新纂閩省通志即鱗介條下字彙缺載之字核數已至二十之多要皆方音杜撰一旦校之天禄其於車書會同之義不相刺謬耶昔太史楊升菴曰馬總意林引相貝經不著作者讀初學記始知為嚴助作漢有博物志非張華作也讀後漢書始知為唐蒙作乃知前人或畧後或有考焉未可盡付不知也

象逸則海錯不又有鳥獸乎木住虛海賦曰何奇不育何怪不儲則鱗介毛羽之外更自無窮圖内極萬變之狀而兼備五蟲滋熏也而虎則鱗啻化毛矣馬也而蚕則毛啻化蜾矣蛇也而鸍則裸啻化羽矣雉也而蜃則羽啻化介矣天地生物不離乎胎卵濕化而奇妙不測莫如化生龍稱神物萬化之宗知變化之道者其知龍之所為乎故全圖雖别五蟲而總以龍為之主焉

觀海贊

海不揚波魚鰕可数
際會明良風雲龍虎

附跋文

宇内血性含靈之物有五曰羽虫曰毛虫曰裸虫曰鱗虫曰介虫五虫之数上應天躔各三百六十屬而皆有長羽以鳳長毛以麟長裸以人長鱗以龍長介以龜長人雖為萬物之靈而龍尤為五虫之宗淮南鴻烈曰萬物羽毛鱗介皆祖於龍可知矣羅泌路史稱盤古龍首而人身不但羽毛鱗介祖於龍而人亦祖於龍又彰彰如是考孫綽望海賦曰鱗彙萬殊甲產無方海錯固饒鱗介矣張融海賦曰高岸乳鳥獸門

# 《海错图》序

《中庸》言：天地生物不测[1]。而分言不测之量，独于水而不及山，可知生物之多，山弗如水也明甚。江、淮、河、汉皆水，而水莫大于海。海水浮天而载地，茫乎不知畔岸，浩乎不知津涯，虽丹嶂十寻[2]，在天池荡漾中，如拳如豆耳。大哉海乎！允为百谷之王[3]，而山何敢与京[4]？故凡山之所生，海尝兼之；而海之所产，山则未必有也。何也？今夫山野之中，若虎若豹，若狮若象，若鹿若豕，若驩若兕[5]，若驴若马，若鸡犬，若蛇蝎，若猬若鼠，若禽鸟，若昆虫，若草木，何莫非山之所有乎？而海中鳞介等物多肖之。虎鲨变虎[6]，鹿鱼化鹿，鼠鲇诱鼠，牛鱼疗牛[7]，象鱼鼻长，狮鱼腮[8]阔，鹤鱼鹤啄，燕鱼燕形，刺鱼皮猬，鳐鱼翅禽，魟鱼蝎尾，豘鱼豕心，海驩肉腴，海豹皮文，海鸡足胼[9]，海驴毛深，海马潮穴，海狗涂行，海蛇如蟒，海蛏若螾[10]，鲽鱼既侔鹣鹣[11]，人鱼犹似猩猩[12]。海树槎枒[13]，坚逾山木；海蔬紫碧，味胜山珍。海鬼何如山鬼[14]？鲛人[15]确类野人。所谓“山之所产，海尝兼之”者如此。若夫海之所产，卵胎湿化[16]，其类既繁，鳞介毛蜾[17]，厥状尤怪。诚有禹鼎[18]之所不能图、益经[19]之所不及载者矣。然此特具体而微者尔。至稽[20]海上伟观，鲤可堂[21]也，鰝可帘[22]也，蠔可阜也，龟可洲也，鼍可城[23]也，鳍脊任舂[24]也，鳌首戴山[25]也，摩竭之鱼吞舟也，善化之蟹大九尺[26]也，北溟之鲲[27]不知其几千里也，是岂山中鸟兽所能仿佛其万一者？所谓“海之所产，山未必能有”者如此。况乎网起珊瑚，已胜丹砂之赤；而宵行熠耀[28]，难侔[29]蚌室之光。山川出云，仅为霖于百里；而潮汐与月盈虚[30]，直与天地相终始也。山与海大小之量何如？无怪乎生物多寡，相去悬殊，是以《禹贡》惟以“错”称海物也，概可知矣。夫错者，杂也，乱也，纷纭混淆，难以品目，所谓不可测也。今予图《海错》，甲乙[31]鱼虾，丹黄[32]螺贝，绘而名，名而赞，赞而考，考而辨，不犹然[33]视海以为可测乎？曰：非然也。予图所采，亦取其可见可知者而已，其不及见知者何限哉。然则博物君子，披阅是图，慎毋曰燃犀一烛[34]也，谓吾以蠡测海[35]也可。

旹[36]康熙戊寅[37]仲夏

闽客聂璜存庵氏题于海疆之钓鳌矶

［注释］

[1] 天地生物不测：《中庸》："天地之道，可一言而尽也。其为物不贰，则其生物不测。"[2] 寻：古代长度单位（常用来指高度或深度），八尺为一寻。[3] 百谷之王：《老子》第六十六章："江海所以能为百谷王者，以其善下之，故能为百谷王。"谷：河川。[4] 京：大，盛。《左传・庄公二十二年》："八世之后，莫之与京。"孔颖达疏："莫之与京，谓无与之比大。"[5] 兕（sì）：古代传说中的瑞兽，状如犀牛，全身长着黑色的毛，头上只长着一只角。在古代亦常指雌犀牛。[6] 虎鲨变虎：见本书 287 页内容。此序文以下所写的种种异象多为本书内容，此处不一一注释。[7] 牛鱼疗牛：《本草纲目》卷四十四载：牛鱼"肉无毒，主治六畜疫疾。作干脯为末，以水和灌鼻即出黄涕，亦可置病牛处令气相熏。"[8] 腮：水生动物的呼吸器官，今多作"鳃"。《海错图》作者认为"鳃"字仅与四腮鲈有关（参见本书 077 页内容），为体现其观点，本书"腮"字译文依旧作"腮"，未按今人习惯写成"鳃"。[9] 海鸡足骈：指海鸡的脚上长着蹼，脚趾骈连。《海语》中卷："海鸡毛色如家鸡，惟双足鳖类耳。"与书中 434 页所绘"海鸡"并不相同。[10] 螾（yǐn）：同"蚓"。[11] 鹣（jiān）鹣：比翼鸟。我国古代传说中的一种鸟，此鸟仅一目一翼，必须雌雄并翼飞行，故常比喻恩爱夫妻。[12] 猩猩：古代传说中一种人面兽身会说话的怪兽。[13] 槎枒（chá yā）：树枝的分叉歧出。也作"槎丫""槎牙""槎枒（yā）"。[14] 山鬼：山神，特指未获天帝正式册封在正神之列的山神，故称山鬼。[15] 鲛人：我国古代神话传说中鱼尾人身的神秘生物。与西方神话中的美人鱼相似。[16] 卵胎湿化：卵生、胎生、湿生、化生。这是佛教所说的世界众生出生的四种方式。[17] 鳞介

毛蜾：《大戴礼记》记载，古人把所有动物分为五类，合称“五虫”，即蠃（luǒ）虫（也作“倮虫”，“蠃”“倮”均同“裸”）、鳞虫、毛虫、羽虫和昆虫（也叫“介虫”）。此处为了四言句式，以“鳞介毛蜾”代指“五虫”。“蜾”应为“倮”“裸”或“蠃”。[18] 禹鼎：大禹所铸、所传之鼎。《资治通鉴纲目前编》等书认为禹鼎“图山川猛鸷之物”。《海错图》第四册也说：“昔禹铸九鼎，以象百物。”[19] 益经：指《山海经》，传说《山海经》作者为伯益，故称之为“益经”。[20] 稽：考核。[21] 鲤可堂：金代元好问《续夷坚志》卷三：“宁海昆仑山石落村刘氏，富于财，尝于海滨浮百丈鱼，取骨为梁，构大屋，名曰‘鲤堂’。”《明一统志》亦载。堂，此处用作动词，构建堂屋之意。下文的“帘”“阜”“洲”“城”都是名词活用为动词。[22] 鰝（hào）可帘：指海虾的虾须可以做成“虾须帘”。鰝：大海虾。清代王士禛《分甘余话》卷二：“虾须帘：帘名虾须，鰝，海中大虾也，长二三丈，游则竖其须，须长数尺，可为帘，故以为名。”[23] 鼍（tuó）可城：唐代裴铏《樊夫人》描写“长丈余”的白鼍被君山岛上的人分食，第二天“有城如雪，围绕岛上，其城渐窄狭，束岛上人”。后被刘纲妻樊夫人飞剑刺中，“白城一声如霹雳，城遂崩，乃一大白鼍，长千丈余，蜿蜒而毙”。见《太平广记》卷六十。[24] 鳍脊任舂：指本书中所提到的海鳍脊骨可以做舂臼。与上文的“蠔可阜”等俱是本书内容。[25] 鳌首戴山：典出《列子·汤问》：渤海之东亿万里外有蓬莱、瀛洲等五座大山，“常随潮波上下往还，不得暂峙”，“帝恐流于西极，失群仙圣之居，乃命禺强使巨鳌十五举首而戴之。”[26] 善化之蟹大九尺：《汉武洞冥记》卷三：“善苑国尝贡一蟹，长九尺，有百足四螯，因名‘百足蟹’。”[27] 北溟之鲲：《庄子》中虚构的北方天池中的大鱼。《庄子·逍遥游》：“北冥有鱼，其名为鲲，鲲之大不知其几千里也。”[28] 宵行熠耀：萤火虫发出的光。语出《诗经·豳风·东山》：“町畽（tuǎn）鹿场，熠耀宵行。”宵行：萤火虫。[29] 侔（móu）：相等。[30] 潮汐与月盈虚：《太平御览》卷四引《抱朴子》：“月之精生水，是以月盛而潮涛大。”宋代潘自牧《记纂渊海》、明代陈耀文《天中记》、彭大翼《山堂肆考》亦谓此说出自《抱朴子》，然今本《抱朴子》无此文。[31] 甲乙：一一列举。[32] 丹黄：旧时点校文字的丹砂和雌黄，因点校书籍用朱笔书写，遇误字，涂以雌黄，故称。这里指绘制时反复斟酌修改。[33] 犹然：微笑自得之貌。[34] 燃犀一烛：点燃犀牛角往海底照一下。典故参见本书 228 页注释 [3]。烛：此处为动词，照。[35] 以蠡（lí）测海：用贝壳来量海。比喻观察和了解很狭窄、很片面。蠡：贝壳。[36] 旹：同“时”。[37] 康熙戊寅：康熙三十七年，即公元 1698 年。

【译文】

《中庸》里说：天地化生万物数不胜数。而详细说这难以测度的具体情况时，单单提到水而没有提到山，可知生物之多，山远没有水多这一点是很明确的。长江、淮河、黄河、汉江都是水，而水没有比海更大的了。海水浮动着天、承载着地，茫茫然无法知道哪里是水边和海岸，浩荡荡不知道哪里是渡口和尽头，即便是数十寻的高山，在海天的荡漾中，不过一拳一豆般渺小的事物。海太大了！确实堪称百谷之王，而山岂敢与之比大呢？所以，凡是山上所产的，海里往往也同样存在；而海里所产的，山上则未必存在。为什么这么说呢？现在山野之中，如虎如豹，如狮如象，如鹿如豕，如驩如兕，如驴如马，如鸡犬，如蛇蝎，如刺猬，如老鼠，如禽鸟，如昆虫，如草木，哪样不是生活在山林中呢？而海中的鳞介等物多与之相像。虎鲨能变成虎，鹿鱼能变成鹿，鼠鲇诱捕老鼠，牛鱼治疗病牛，象鱼的鼻子长，狮鱼的腮宽阔，鹤鱼长着仙鹤一样的长嘴，燕鱼具有燕子一样的形体，刺鱼的皮像刺猬一样，鳐鱼的翅如飞禽一般，魟鱼的尾巴和蝎子尾巴一样，㹠鱼的心跟猪心长得一模一样，海驩的肉很丰满，海豹的皮有花纹，海鸡的脚有蹼胼连，海驴的毛浓密，海马生活在潮湿的巢穴中，海狗在海滩上爬行，海蛇像蟒蛇一样，海蛭好似蚯蚓一样，鲽鱼成双成对如同比翼鸟一般，人鱼长得好像猩猩。海树枝杈歧出，比山里所产的木材还要坚硬；海菜呈紫色绿色，比山珍味道还要鲜美。海鬼和山鬼差不多吧？海里的鲛人确实很像野人。所谓“山中所产的，海里总是兼而有之”大概就是如此。但是要说到海里所产之物，卵生、胎生、湿生、化生，它们的种类非常繁多；鳞虫、介虫、毛虫、裸虫，它们的形态尤其怪异。确实有禹鼎之所不能画、《山海经》所不及记载的啊。然而这只是具体而微小的。至于考察海上奇异的景观，海鲤鱼之骨可以建成屋，海虾之须可以制成帘，蚝蛎可以层累成小山，大龟可以拟态成水中的小洲，白鼍可以变化为城池，鳍鱼的脊骨可以充当舂臼，鳌鱼的头顶着五山，摩竭之鱼可以吞下小船，善于变化的蟹有九尺大小，传说中北溟的鲲鱼不知道有几千里那么大，这岂是山中的鸟兽所能比拟其万一的？所谓“海里所出产的，山中未必能有”就是这样。更何况用铁网捞起的珊瑚，鲜红的颜色胜过朱砂；而萤火虫的光亮，难以跟蚌室之光相比。山川出云，仅能在百里范围内普降甘霖；而大海的潮汐能与月亮的盈虚同步，直至与天地相终始。山川与大海的体量究竟孰大孰小呢？难怪山川走兽与海洋生物的种类相差悬殊。因此《禹贡》里单单以“错”字来形容海物，就可想而知了。“错”这个字，意思是种类繁多，难以用眼睛估算，所谓不可测度。现在我绘制了《海错图》，将各种海物分门别类后绘出外形，绘出外形又列出其名目，列出名目还写了赞语，写了赞语还做了考证，做了考证还加以辨析。难道是悠然自得地以为大海是可以测度的吗？答曰：不是如此。我画图所采用的资料，也是择取其可见可知的罢了，那些我没有条件了解的实在是太多了。那么，当学识渊博之士打开这本图册阅读的时候，千万不要说我这是点燃犀牛角一照就妄图了解整个大海，说我以蠡测海所得有限也就行了。

时康熙戊寅仲夏

闽客聂璜存庵氏题于海疆之钓鳌矶

观海赞：水天一色，万国同春。鱼鳖咸若，四海荡平。

# 跋　文

儒不识字，农不识谷，樵不识木，渔不识鱼，四者非不识也，不能尽识也。《字学正韵》万有一千五百二十，《广韵》二万六千一百九十有四，兼之篆隶异体、雅俗异尚，此字之于儒难尽识也。稻黍稷麦菽，五谷总称也。而谷又有百种之名，百种之外，品类繁多、迟早异性、风土异宜，此谷之于农难尽识也。《书》称栝柏，《诗》咏桑杨，可知之木也。其余《篇海》所载木类，《汇苑》所纪杂树，多有闻其名而不得见，或见其木而误称其名，此木之于樵难尽识也。郭璞[1]《江赋》，鱼称“鮹鰊鯠鮋，鯪鰩鯩鰱”，张融[2]《海赋》，鱼称“魺鱺鱅鮨，䲜魞鯉鮹”，匪但渔叟未悉其状，即雅士亦难审其音。鳞虫虽曰三百六十属，《说文》、韵书所载，鱼名既广，而不在典籍之内者，尤不知凡几，此鱼之于渔难尽识也。予不识字，愚等农夫，贱同樵子，乃敢越俎，妄求识鱼，不大谬乎！不知既不识字，又不识鱼，坐老岁月何益乎？缘是借海滨作濠上之游[3]。数年以来，得识海鱼种种，乃因识鱼，而并喜得识字，若“魞”若“魮”，若“魛”若“鮂”，若“鮇”若“鮹”，若“䲜”若“鍛”，若“鰆鯠”，若“鱑魱”，若“绿鯀”，若“鮬鮹”，若“鴝鯯”，若“鯸鮐”，若“鮂䕨”，若“鱦鯙”，若“魦魣”，若“鯎魵”，若“鰪鰫”，若“鱁鯗”，若“鰕鱰鮭鮒”，若“鈍鱙鮮鰢、鈌鮸鰺鱋”，以及“鯆、鯆、鯑、鮒、鰝、鰩、鰺、鯤、魤、鰇、鮊、鱝、鮋、鰨、魼、鱋、鯡、鯗、鯻、鮔、鰯、鯨、鬻、鯊、鯺、鰠、鰁、鯖、鰟、鱶、鯱、鯥、鯅、鯙、鱀、鱁、鯛、鵟、鱬、魠、鮔、魩、鰴、鯁、鮬、鰀、鯤、鰔、鯡、鮫、鮊、鯪、鰑、魤、魫、鱮、鰔、鰯[4]、魟”等鱼名，皆因求识鱼而反得识字者也。若是乎，海错一图，居今稽古，不为无益。

【注释】

[1] 郭璞：见本书 090 页注释 [6]。[2] 张融：见本书 560 页注释 [3]。[3] 濠上之游：悠然自乐之游。语出《庄子·秋水》：“庄子与惠子游于濠梁之上。庄子曰：‘鯈鱼出游从容，是鱼之乐也。’”[4] 这一堆生僻字中“鮣”出现两次，当是作者误书。

【译文】

儒生不认识文字，农夫不认识五谷，樵夫不认识木材，渔民不认识鱼类，这四类人不是不认识，而是不能认全。《字学正韵》里收有一万一千五百二十个字，《广韵》里收有二万六千一百九十四个字，再加上篆书、隶书、异体字，雅俗风尚不同，这是儒生难以把字认全的原因。稻黍稷麦菽，是“五谷”的总称。而谷又有上百种名称，百种之外，品类繁多、成熟早晚的特性不同，生长环境也不同，这是农夫难以把谷物认全的原因。《尚书》里提及栝、柏，《诗经》里吟咏桑、杨，通过它们可以知道这些树的名字。其余的如《篇海》中所记载的木类，《汇苑》中所记载的杂树，多有只听过名字而没能见到树木的，或者只见过树木而误称其名字的，这是樵夫难以把树木认全的原因。郭璞的《江赋》里，鱼名提到了“鮹鰊鱗鮋、鯪鰩鯩鰱”，张融的《海赋》里，鱼名提到了“魺鱺鱅鮨、𩹉魞鯉鮹”，不仅渔夫不能完全了解它的样子，就是学问渊博之人也难以确定它的读音。鳞虫虽说有三百六十类，《说文》和各种韵书里所记载的鱼名已经很多了，而不在典籍之内的，更不知道有多少，这是渔夫难以把鱼认全的原因。我不认识多少字，像农夫一样愚笨，跟樵夫一样地位低贱，怎么敢越俎代庖，妄想把鱼认全，这不是太荒谬了吗？可是，不知道既不识字，又不识鱼，坐等岁月老去有什么意义呢？于是我借生活在海滨的机会像庄子和惠子一样悠然自乐地游玩吧。数年以来，得以认识种种海鱼，又因为认识鱼类，顺带着一并认识了很多字，如“魞”如“魤”，如“魛”如“鮣”，如“鮇”如“鮹”，如“𩹉”如“鍛”，如“鰆鯠”如“鱝魬”，如“绿鯀”，如“鮖䲘”，如“鰞鰂”，如“鯸鮐”，如“鯯鰳”，如“鱦鯚”，如“魞魺”如“鯺魵”，如“鰪鯑”如“鱯鰵”，如“鰕鰯鮭鮒”，如“魨鱙鮮鰢、鮁鮸鱌鯱”，以及“鯙、鯆、鯑、鮒、鰝、鰩、鯼、鯸、鮂、鰇、鮊、鱝、魶、鰨、魼、鱸、鯡、⿰魚戔、鯻、⿰魚豆、⿰魚羽、鰁、鯊、⿰魚莎、⿰魚寺、鰠、⿰魚聚、⿰魚争、⿰魚勞、⿰魚餐、⿰魚乳、⿰魚斿、⿰魚廷、⿰魚亭、⿰魚既、鱁、⿰魚朋、⿰魚狂、⿰魚壽、⿰魚壬、鮔、⿰魚幼、⿰魚微、鯾、⿰魚夸、⿰魚疑、⿰魚艮、⿰魚每、鮄、魰、鮊、鯜、鯣、⿰魚匕、⿰魚九、⿰魚褱、⿰魚臧、⿰魚羽、⿰魚乚”等鱼名，都是因为想要认识鱼反而得以认识相关的字。这样的话，我编绘这《海错图》，生活在今天而考证古代知识，不是没有价值的。

# 图海错序

海错自昔无图，惟《蟹谱十二种》，唐吕亢守台[1]所著。《异鱼图》，不知作者，仅存有赞，图本俱失传，无可考。考“四雅[2]”、诸类书数十种，间亦旁及海错，而《南越志》《异物志》《虞衡志》《侯鲭录》《南州记》《鱼介考》《海物记》《岭表录》《海中经》《海槎录》《海语》、《江》《海》二赋[3]，所载海物尤详。至于统志[4]及各省志乘[5]，分识[6]一方之海产，亦甚确。古今来载籍多矣，然皆弗图也。《本草·鱼虫部》载有图，而肖象未真；《山海经》虽依文拟议以为图，然所志者山海之神怪也，非志海错也，且多详于山而略于海。迩年泰西[7]国有《异鱼图》，明季[8]有《职方外纪》，但纪者皆外洋国族，所图者皆海洋怪鱼，于江浙闽广海滨所产无与也。予图《海错》，大都取东南海滨所得见者为凭。钱塘为吾梓里[9]，与江甚近，而与海稍远，海错罕观。及客台瓯[10]几二十载，所见无非海物。康熙丁卯[11]，遂图有《蟹谱三十种》。客淮扬，访海物于河北、天津，多不及浙，水寒故也。游滇、黔、荆、豫而后，近客闽几六载，所见海物益奇而多，水热故也。《医集》云：湿热则易生虫，信然。年来每睹一物，则必图而识之，更考群书，核其名实；仍质诸蠔户[12]鱼叟，以辨订其是非。佥[13]曰：“海物谲异，出人意想。遐方之士，闻名而不敢信；海乡之民，习见而未尝图。今君既见而信，信而图，图而且为之说，可为海若[14]之董狐[15]矣，曷[16]编辑卷帙，以为四方耳目新玩，可乎？”戊寅之夏，欣然合《蟹谱》及夙所闻诸海物，集稿誊绘，通为一图。首以龙虾，终以鱼虎[17]，中间分类而杂见者：蟹棹鲎帆[18]，俨若扁舟逐浪；蜃市鱼井，恍疑万灶沉沦。鲨头云，巫山几片[19]；海底月，皓魄一轮。箬鱼风箨，竹鱼霜筠。枫叶鱼，冷落吴江[20]；文鳐鱼，踊跃天门。柔鱼乏骨，钩鱼重唇[21]。钱鱼慢藏，鲳鱼非淫。石首驰声远近，河豚流毒古今。乌鲗怀墨，朱鳖吐珍。紫贝壳丽，苏螺肉锦[22]。蛎堪比鞋，虾可名琴。鱼针作绣；海扇披襟。沙蛤染翰，蚰螺织文。逢冬则馁，望潮[23]畏腊；得雨生花，石蜐怀春。小蟹寄居，岂惟蟦蛣[24]；诸螺变化，亦类蛤蜃。蛎随竹石，虹种青黄；蛳分铜铁，鳞别金银。蚶有丝布，蟹辨蠘蟳。海蛤空堕，岩乳气凝。鳆房[25]九孔，龟背七鳞[26]。鹅毛燕额，无非鱼品；马蹄牛角，并是蛏名。龙目仙掌，总归介类；虎头鬼面，均出蟹形。鳄声畏鹿，不殊巴蟒；蟳威斗虎，更胜山君[27]。龙虱得风雷而降，燕窝冒雨露而成。闽鄙瓯文[28]，指质形于沙蒜；辽玄粤素[29]，分优劣于海参。其余泥笋土肉，江绿海红，密丁辣螺，沙箸石钻，蚌牙泥肠，海胆天脔，美味无穷，殊难殚述[30]。虽然，口腹之欲有尽，而耳目之玩无穷。请停鼎俎[31]，更问韬钤[32]，则再观夫掏枪[33]长槊，拥剑[34]短兵，鲥藏利镞，鳓露白刃，龟披征甲，鼋束战裙。逢逢[35]鼍鼓，号令三军，步伐止齐，各逞技能：蛙明坐作[36]，虾识退迎，蛤长冲举[37]，蟹利横行，车螯水运，桀步[38]邮闻，执火[39]秉燎，吹沙[40]扬尘，犁头[41]前导，拨尾后巡，铜锅造饭，瓦屋安营。睹彼洪波之鳞甲，允称海国之干城[42]。至于蠙珠[43]魮玉[44]、玳瑁砗磲，则晶宫之所供御；墨斗鲨锯、土坯泥钉，则海屋之所经营。乃若涂婆之所喜者，螺梭鱼镜；鲛人之所需者，石榼土瓶；公子之所弄者，泥猴海鹞；介士[45]之所爱者，刀鮆剑蛏。新妇鱼、和尚蟹，恐难为伴；海夫人、郎君子，或可同群。鱼目无妻，嗟有鳏之在下[46]；鲹胸穴子[47]，较燕翼[48]而尤深。鱼婢常随鱼母，螺女[49]谁为所亲？总之，水族以龙为长，鳞介尽属波臣[50]。按其品类，参之典籍，记载每缺，而舛误尤多。图内据书考实者，五六十种。盖昔贤著书，多在中原，闽粤边海，相去辽阔，未必亲历其地，亲睹其物，以相质难；土著之人，徒据传闻，以为拟议，故诸书不无小讹。而《尔雅翼》尤多臆说，疑非郭景纯所撰。《本草》博采海鱼，纰缪不少。至于《字汇》一书，即考“鱼虫部”内，或遗字未载，或载字未解，或解字不详，常使求古寻论[51]者对之惘然。其他可知。此《字汇》补《正字通》之所由以继起也。若夫志乘之中，迩来新纂闽省通志，即“鳞介”条下，《字汇》缺载之字，核数已至二十之多，要皆方音杜撰，一旦校之天禄[52]，其于车书会同[53]之义，不相剌谬[54]耶？昔太史杨升庵[55]曰：“马总[56]《意林》引《相贝经》，不著作者，读《初学记》，始知为严助[57]作。汉有《博物志》，非张华[58]作也，读《后汉书》，始知为唐蒙[59]作。乃知前人或略，后或有考焉，未可尽付不知也。”由是观之，则兹《海错》一图，岂但为鱼图蟹谱续垂亡哉，其于群书之雠校[60]，或亦有小补云。

旹康熙戊寅仲夏

闽客聂璜存庵氏题于海疆之搁潮亭

［注释］

[1] 守台（tāi）：做台州地方长官。守：本是秦汉时期的郡长官名，也常用作动词，指做郡守、太守，后来指做州、府的地方长官。吕亢实为宋人，曾任台州府临海县县令，《海错图》作者误记为唐人。译文据史实改。[2] 四雅：因《尔雅》首创了按意义分类的编排方式，后世出现了一种以“雅”为名、仿《尔雅》体例编纂的辞书门类，如《埤雅》《广雅》《尔雅翼》等，有“三雅”“五雅”等集称，其中最为著名的是“五雅”：《尔雅》《释名》《埤雅》《广雅》《尔雅翼》。此处作者所说的“四雅”具体指代不详，但应是群“雅”中的四部。（“五雅”中除了《释名》之外，《海错图》均有征引，作者所说的“四雅”或许是指这四部。）[3]《江》《海》二赋：指郭璞的《江赋》、木华的《海赋》。书中有时也指其他同题辞赋。[4] 统志：即“一统志”，封建王朝的官方地理总志。[5] 志乘：志书。[6] 识（zhì）：通“志”，记。[7] 泰西：指西方国家。[8] 明季：明末。[9] 梓里：故乡。[10] 瓯：温州。[11] 康熙丁卯：康熙二十六年，公元1687年。[12] 蠽（dàn）户：通常作“蜑（dàn）户”，也作“蜒（dàn）户”。旧时散居在广东、福建等沿海地区的少数民族蜑人，受统治者的歧视和迫害，不许陆居，不列户籍。他们以船为家，从事捕鱼、采珠等劳动，计丁纳税。明洪武初年，始编户，立里长，由河泊司管辖，岁收渔课，名曰“蜑户”。[13] 佥：全，都。[14] 海若：也称“北海若”，我国古代传说中北海的海神。[15] 董狐：春秋时期晋国的太史，因秉笔直书而闻名，为古代史官的典范。[16] 曷：何不？[17] 首以龙虾，终以鱼虎：我们现在看到的《海错图》与此描述相反，是以“鱼虎”开头，以“龙虾”结尾。乾隆三年（1738），乾隆帝曾下旨：“要着将《鱼谱》四册另换糊锦壳面，收拾。钦此。”

但即便重新装裱，图的顺序也难以改变，序言中的说法令人费解。[18] 鲎帆：《埤雅》卷二“鲎”条：“壳上有物如角，常偃，高七八寸，每遇风至即举，扇风而行，俗呼‘鲎帆’。”[19] 巫山几片：代指“云”。这里是说云头鲨的头像云朵形状。[20] 冷落吴江：这里是因“枫叶鱼”而化用唐代崔信明的诗句“枫落吴江冷”。[21] 钩鱼重唇：指钩鱼的上唇长，垂下与下唇重叠。清代陈元龙《格致镜元》卷九十三：“其唇甚长，垂下数寸，味皆在此。”[22] 苏螺肉锦：《海错图》第四册里谈及“苏螺”与“苏合螺”均未提到其肉似锦，倒是“大香螺化蟹”条说“香螺之肉如锦纹”，序言此处或系笔误，译文未改。[23] 望潮：即短蛸，一种小型章鱼。参见本书 380 页相关内容。[24] 蟥蛣（suǒ qiè）：亦作“琐蛣”“琐琣”“璅（suǒ）蛣”“璅琣”，又名“海镜”，即寄居蟹。[25] 鳆房：鲍鱼壳。鳆，鲍鱼。[26] 龟背七鳞：特指“七鳞龟”，参见本书 561 页相关内容。[27] 蟳威斗虎，更胜山君：《埤雅》卷二“蟹”条：“蝤蛑大者长尺余，两敖（螯）至强，能与虎斗，虎不如也。”山君：老虎。[28] 闽鄙瓯文：福建称海葵为“泥翅”，温州称海葵为“沙蒜”，作者认为福建起的名字粗鄙而温州的名字文雅。[29] 辽玄粤素：辽东海参为黑色，广东海参为白色。参见本书 347 页相关内容。[30] 殚述：详尽叙述。[31] 鼎俎：煮食物的鼎和切肉的砧板。这里泛指炊具。[32] 韬钤：古代兵书《六韬》《玉钤》的并称，后世泛指兵书，也代指武将。[33] 掏枪：鲯鱼的别名。[34] 拥剑：招潮蟹的古称，因为它有一只大螯，像勇士拥剑一般。[35] 逄逄：一般作“逢逢”或“逄逄”，象声词，鼓声。“逄”“逢”两字在古籍中常通假，作者可能因此故意这样书写。[36] 作：起身。[37] 冲举：飞升成仙。这里应指作者相信的“雀蛤互化”之类的事。[38] 桀步：螃蟹的别名。宋陆佃《埤雅·蟹》：“一名桀步。岂非以其横行，故谓之桀步欤？”[39] 执火：蟛蜞（小蟹）的别称，因其螯红色，故名。[40] 吹沙：鲨。古代小鱼名，因其常张口吹沙，故名。[41] 犁头：这里是用“犁头鲨”的名字“犁头”双关农具中的犁，带有文字游戏的意味。下文的“拨尾”“铜锅”“瓦屋”等均是如此。[42] 干城：盾牌和城墙；比喻保卫国土的将士。语出《诗经·周南·兔罝》：“赳赳武夫，公侯干城。”[43] 蠙（pín）珠：珍珠。蠙，古书上说的一种产珍珠的蚌。[44] 魮（pí）玉：传说中魮鱼能生美玉，郭璞《江赋》：“文魮磬鸣以孕璆（音 qiú，一种美玉）。”[45] 介士：披甲之士，指武士、兵士。[46] 有鳏之在下：指《尚书·虞书·尧典》中“有鳏在下”之句。[47] 鲂胸穴子：参见本书 228 页相关内容。[48] 燕翼：指为子孙后代谋划。语出《诗经·大雅·文王有声》：“丰水有芑，武王岂不仕！诒厥孙谋，以燕翼子。”孔颖达疏：“思得泽及后人。”[49] 螺女：即古代神话传说“田螺姑娘”，事载陶渊明《搜神后记》。[50] 波臣：水族。古人设想江海里的水族也有君臣，称其“被统治者”为“波臣”。[51] 求古寻论：探求古人古事。语出《千字文》。[52] 天禄：汉代阁名，后通称皇家藏书之所。这里指官方的权威典籍。[53] 车书会同：指“车同轨，书同文”，本指国家一统，制度划一。这里指作者想把海物的名称统一起来。[54] 剌谬：违背，悖谬。也作“剌缪（miù）”。[55] 杨升庵：明代学者杨慎（1488—1559），号升庵。[56] 马总（？—823）：字会元，唐代官员、学者。[57] 严助（？—前 122）：本名庄助（东汉时因人们避汉明帝刘庄讳而改称之为“严助”），西汉辞赋家。[58] 张华（232—300）：字茂先，西晋文学家、学者。[59] 唐蒙：西汉官员。[60] 雠（chóu）校：也作“校雠”，校勘文字。指用同一本书的不同版本相互核对，比勘其文字、篇章的异同，以校正讹误。

［译文］

关于“海错”，自古没有图画，只有《蟹谱十二种》，是宋代吕亢在台州做地方官时所著。《异鱼图》的作者不知是谁，仅存有赞语，图画和文字都失传了，无可考证。考查“四雅”和众多类书几十种，偶尔有的也提及海错，而《南越志》《异物志》《虞衡志》《侯鲭录》《南州记》《鱼介考》《海物记》《岭表录》《海中经》《海槎录》《海语》等书和《江赋》《海赋》这两篇赋所记载的海物尤其详备。至于官方的地理总志和各省的地方志，分别记录了一方的海产，也是非常可信的。古今此类典籍很多，然而都没有画图。《本草·鱼虫部》载有图，但绘制的形象不够逼真；《山海经》虽然根据文字内容草拟出了图画，但所记录的多是山海的神怪，不是记录海错，而且多详于山而略于海。近年来西方各国有《异鱼图》，明末有《职方外纪》，但记录的都是外洋的国家民族，所画的都是海洋怪鱼，对于我国东南沿海所产都没有记载。我绘制《海错图》，大都取东南海滨所能见到的作为依据。我的家乡钱塘与长江很近，而距大海稍远，很少能见到海物。等到我客居台州、温州将近二十年，所见的都是海里的生物。康熙二十六年，遂画成《蟹谱三十种》。我客居淮扬，访海物于河北、天津，都不如浙江多，主要是水温寒冷的缘故。我游历云南、贵州、湖北、河南以后，近年来又客居福建将近六年，所见到的海物更加新奇也更为多样，这是因为水温高的缘故。《医集》里说：湿热则容易生虫，确实是这样。近年来，我每见到一样海物，就一定画图记录下来，更考证群书，核定它的名与实；又向渔民询问，来校订其真假。他们都说：“海中所产之物诡异，出人意料。远方的人，听说名字而不敢相信；海边的百姓，经常见到但未曾画下来。现在您见到这些海物，采信后又画出来，画出来并且为之添加解说，您可以给海神当秉笔直书的史官了。为什么不编辑成册，使各地的读者增长见识呢？”戊寅年夏天，我满怀欣喜地把《蟹谱》和我之前所听说的各种海物收集起来誊写绘制，编成这一部《海错图》。此图以龙虾开头，以鱼虎结尾。中间分类而杂见的海物有：蟛蟹挥螯如桨、鲎鱼张壳似帆，俨然是水中扁舟在追逐浪花；蜃鱼所幻化的市井，恍惚间好像没有一点儿烟火气；云头鲨头上云形的部分，仿佛是巫山上的几片云朵；海底的海月，仿佛真的就是天上那一轮明月。箬叶鱼像风吹落的竹笋壳，竹鱼像傲霜的嫩竹子。枫叶鱼，形象地诠释了“枫落吴江冷”的诗句；文鳐鱼，展翅飞跃天门。柔鱼缺少骨头，钩鱼嘴唇重叠。钱鱼不是钱，且慢收藏；鲳鱼并不淫，切莫误会。石首鱼远近闻名无人不晓，河豚自古有毒遗留至今。乌贼肚子里有墨水，朱鳖嘴里能吐出珍宝。紫贝的外壳非常漂亮，苏螺的肉层如锻锦。牡蛎的样子如鞋一般，虾中有一种可以用“琴”命名的。鱼针似乎可以用来刺绣，海扇好像敞开衣襟。沙蛤的颜色如水墨晕染，蚰螺的纹理仿佛织出来的。一到冬天就腐败，章鱼因此害怕腊月；每逢下雨就能生花，石蜐因此渴望春天。小蟹寄居，岂止是蛸蛣；各种海螺的变化，也跟蛤蜃差不多。蛎因生长环境不同而分为竹蛎、石蛎，魟的种类有青魟、黄魟；螺蛳可分为铜蛳、铁蛳，鱼也有金鱼、银鱼之分。蚶有丝蚶和布蚶，蟹分蠘蟹和蟳蟹。海蛤从空而坠，岩乳因气凝结。鲍鱼的壳有九个孔，七鳞龟的背甲有七个鳞片。“鹅毛”和“燕额”，无非是鱼的品类；“马蹄”和“牛角”，都是蛏的名字。“龙目”和“仙掌”，都归于介类；“虎头”和“鬼面”，都是蟹的外形。鳄鱼的声音让鹿恐惧，跟巴陵巨蟒相似；蟳虎发威敢与老虎争斗，更胜山中猛虎。龙虱是得风雷从天而降，燕窝是冒着雨露垒成。福建人起的名字粗鄙而温州人起的名字文雅，都是针对沙蒜而名；辽东的呈黑色而广东的呈白色，以此区分海参的优劣。其余的如泥笋、土肉，江绿、海红，密丁、辣螺，沙箸、石钻，蚌牙、泥肠，海胆、天脔，美味无穷，很难详尽叙述。即便如此，口腹的享受是有限的，而耳目的乐趣是无穷的。请您先停下饮食，移步了解军事。那就再看看吧：鲼鱼好像端着长槊，招潮蟹好像带着短刀，鲥鱼好像藏着锋利的箭头，鰳鱼露出白刃，龟披起铠甲，鼋扎上战裙。逢逢的鼍鼓声，如同号令三军，步伐进退齐整，各自展示才能：蛙明白下坐与起身，虾知道后退与迎敌，蛤善于飞升，蟹长于横行，车螯在水中运送兵士，螃蟹在驿站收听信息，执火蟹好像拿着火把，吹沙鱼仿佛扬起沙尘。犁头在前引路，拨尾在后巡逻，铜锅用来造饭，瓦屋用来安营。看那洪波中的鳞甲，可称得上是大海的守卫者。至于珍珠璎玉、玳瑁砗磲，是水晶宫的御用贡品；墨斗鲨锯、土坯泥钉，是建造海屋的材料。至于海滩老婆婆所喜欢的，是螺梭和鱼镜；鲛人所需要的，是石榼和土瓶；公子所把玩的，是泥猴和海鹞；武士所爱的，是刀鲎和剑蛏。新妇鱼、和尚蟹，看这名字恐怕它们难以为伴；海夫人、郎君子，从字面看兴许可以成双。有种鱼眼中没有妻子，于是就有了“有鳏在下”的感叹；花鲨有窍穴可以保护幼子，比周武王为子孙谋划还尽心。鱼婢常追随鱼母，螺女与谁亲近？总之，水族中以龙为长，鳞介类的都是它的臣子。按其品类，参考典籍，古书记载总有缺失，而且舛误非常多。在《海错图》中，我据实考证，纠正不实海物达五六十种。因为古代著书的圣贤大多生活在中原，福建、广东所临之海与之相距很远，他们未必能亲历这些地方，亲眼见到这些海物来质疑问难；当地人仅仅是根据传闻来推测，所以各种书都不可避免地有些小讹误。尤其是《尔雅翼》，有很多臆说，我怀疑它不是郭璞所撰。《本草》博采各种海鱼，错误不少。至于《字汇》一书，考查其“鱼虫”部内，或遗漏了字未加记载，或记载了字未加解释，或解字不够详细，常使那些想要探究古人古事者疑惑不解。其他的书就更可想而知了。这也正是《字汇》横空出世，弥补《正字通》的缘由。至于方志之中，近年来新编纂的福建省通志，在“鳞介”条下，《字汇》所缺载的字，查一下数量已达二十个之多了，应该都是根据方言读音杜撰的，一旦跟官方典籍校对，想要像“车同轨、书同文”一样统一，不是太抵牾吗？当年太史杨慎说：“马总《意林》里引用《相贝经》，不标明作者，读《初学记》才知道那是严助所作。汉代有《博物志》，不是张华所作的那部，读《后汉书》才知道那是唐蒙所作。才知道前人有所忽略的，后人也有考证的，不能完全推说‘不知道’。”由此看来，我的这一部《海错图》岂止是给鱼图蟹谱作续书而免其失传，它对于各种典籍的校勘或许也多少有所补充吧。

时康熙戊寅仲夏

闽客聂璜存庵氏题于海疆之搠潮亭

观海赞：海不扬波，鱼虾可数。际会明良，风云龙虎。

# 附跋文

宇内血性含灵之物有五：曰羽虫，曰毛虫，曰裸虫，曰鳞虫，曰介虫。五虫之数，上应天躔[1]，各三百六十属而皆有长：羽以凤长，毛以麟长，裸[2]以人长，鳞以龙长，介以龟长。人虽为万物之灵，而龙尤为五虫之宗，《淮南鸿烈》[3]曰“万物羽毛鳞介皆祖于龙”可知矣。罗泌[4]《路史》称盘古龙首而人身，不但羽毛鳞介祖于龙，而人亦祖于龙，又彰彰如是。考孙绰[5]《望海赋》曰：“鳞汇万殊[6]，甲产无方[7]”，海错固饶鳞介矣。张融《海赋》曰：“高岸乳鸟”“兽门象逸”，则海错不又有鸟兽乎？木元虚[8]《海赋》曰：“何奇不育[9]，何怪不储”，则鳞介毛羽之外，更自无穷。图内极万变之状，而兼备五虫：鲨也，而虎，则鳞尝化毛矣；马也，而蚕，则毛尝化蜾矣；蛇也，而鸥，则裸尝化羽矣；雉也，而蜃，则羽尝化介矣。天地生物不离乎胎卵湿化，而奇妙不测，莫如化生[10]。龙称神物，万化之宗。知变化之道者，其知龙之所为乎？故全图虽别五虫，而总以龙为之主焉。

【注释】

[1] 躔（chán）：天体的运行。[2] 裸：原文误作“祼（guàn）”，据文义改。[3]《淮南鸿烈》：即《淮南子》。[4] 罗泌（1131—1189）：字长源，号归愚，南宋文学家。[5] 孙绰：见本书 560 页注释 [1]。[6] 万殊：各不相同。[7] 无方：没有定规。[8] 木元虚：见本书 159 页注释 [20]。[9] 何奇不育：除《山堂肆考》引文作“何奇不育”外，其余版本均作“何奇不有”。[10] 化生：古人认为某些昆虫是由其他昆虫变化而生。

佛教中指无所依托，凭借业力而忽然出现者，如天神、饿鬼及地狱中的受苦者，与胎生、卵生、湿生合称“四生”。序跋中虽然“四生”并提，但意思应指前者而有所发挥，《海错图》作者聂璜相信各种动物间可以变化生成，书中多次出现此类观点。

【译文】

世界上有血性含灵气之物共有五种：分别叫作“羽虫”“毛虫”“裸虫”“鳞虫”“介虫”，五虫的数量，对应着上天运行的规律，各有三百六十种而都有首领：羽虫以凤凰为长，毛虫以麒麟为长，裸虫以人为长，鳞虫以龙为长，介虫以龟为长。人虽然是万物之灵，而龙更是“五虫”的祖宗，由《淮南子》里说的“羽虫、毛虫、鳞虫、介虫等万物都以龙为祖先”可知。罗泌的《路史》里说盘古是龙首人身，那么不但羽虫、毛虫、鳞虫、介虫都以龙为祖，而人也是以龙为祖，又是如此明显。查证孙绰的《望海赋》，里面说：“鳞虫里汇集了各不相同的种类，介虫的产生也没有一定之规”，海错中本来大多是鳞介类。但张融的《海赋》里说：“高岸养育鸟类”“兽门大象奔跑”，这么说来，海错中不是还有鸟兽吗？木华的《海赋》里说：“什么神奇的东西不产生，什么怪异的东西不储藏”，那么，鳞虫、介虫、毛虫、羽虫之外，更是无穷无尽。这《海错图》里极尽千变万化之状，而兼备五虫：鲨鱼，成了虎，那么鳞虫能变成毛虫了；马，成了蚕，那么毛虫能变成裸虫了；蛇，成了鸥鸟，那么裸虫又能变成羽虫了；雉鸡，成了蜃，那么羽虫又能变成介虫了。天地生长万物不外乎胎生、卵生、湿生、化生，而奇妙难以推测的莫如化生，龙被称为神物，是各类化生的源头。了解变化之道的人，难道了解龙的所作所为吗？所以全图虽然用“五虫”分类，但总体上是以龙为之主。

# 目 录

第一册

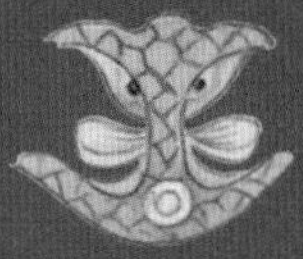

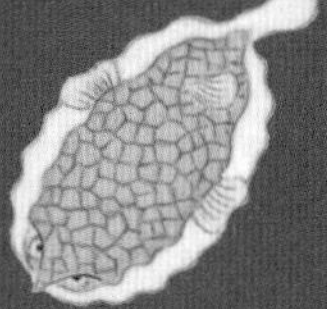

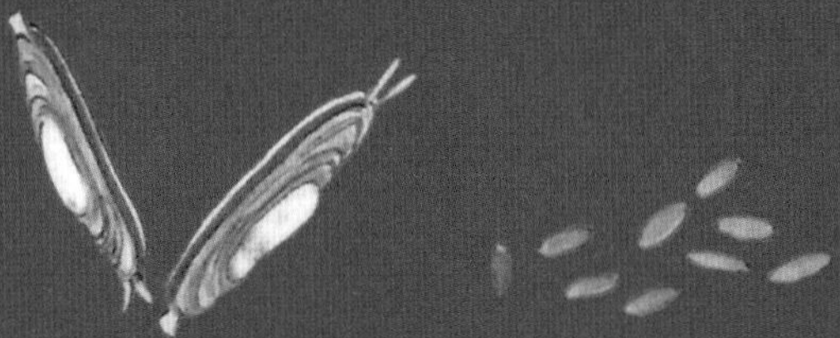

# 壹

# 鱼 虎

鱼虎赞：头角峥嵘，鱼中之虎。水犀风豚，怯与为伍。

《珠玑薮[1]》载：鱼虎，头如虎，背皮似猬，能刺人。《本草》曰：鱼虎背上刺，着人如蛇咬。生南海，亦能变虎[2]。诸类书[3]无所考。康熙丁丑[4]，闽中得是鱼，图之，大不过六七寸。海人云：大者罕觏[5]。头背棘刺，诸鱼畏之，不敢犯，故曰“鱼虎”。

[1] 薮：音sǒu。[2] 由于《海错图》作者所处时代科学知识水平所限，他对很多荒诞不经的传说以及古代志怪小说中的描写都信以为真，本书不再一一指出其谬误。[3] 类书：我国古代一种大型的资料性工具书，辑录各种书中的材料，按门类、字韵等编排以备查检征引。[4] 康熙丁丑：康熙三十六年，公元1697年。[5] 觏（gòu）：遇见，看到。

## | 译文 |

《珠玑薮》记载：鱼虎，头像虎，背上的皮像刺猬，能刺人。《本草》里说：被鱼虎背上的刺刺到，如同被蛇咬了一样。这种鱼生在南海中，也能变成老虎。众多类书对此都没有考证。康熙三十六年，福建地区有人捕捉到了这种鱼，我画了下来，大小不过六七寸。常年生活在海边的人说：大的较难遇到。这种鱼头部和背部有棘刺，各种鱼都怕它，不敢招惹，所以被称为“鱼虎”。

珠璣藪載魚虎頭如虎背皮似蝟能刺人本草曰魚虎背上刺着人如蛇咬生南海亦能變虎諸類書無所考康熙丁丑閩中得是魚圖之大不過六七寸海人云大者罕覩頭背棘刺諸魚畏之不敢犯故曰魚虎

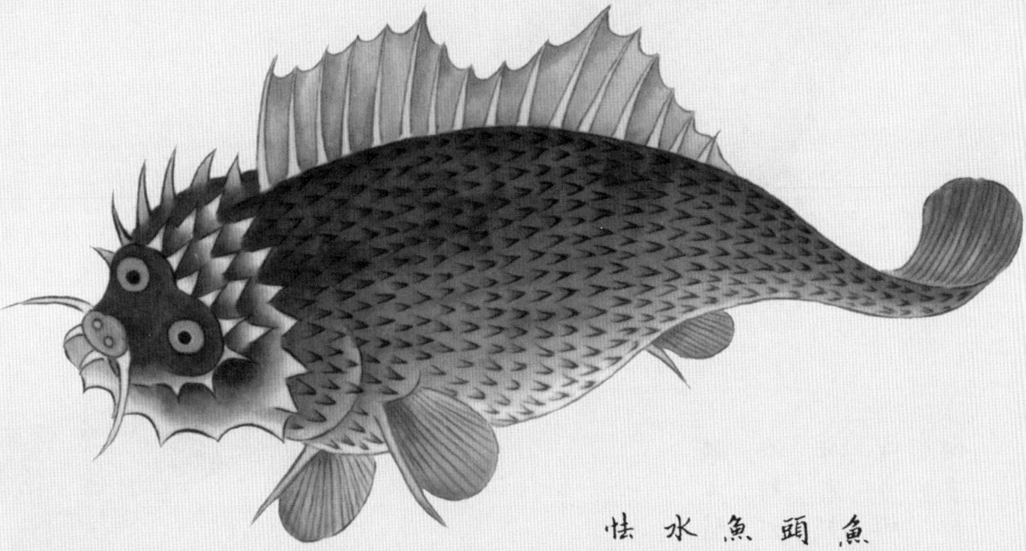

魚虎贊

頭角崢嶸
魚中之虎
水犀風豚
怯與爲伍

嘉慶御覽之寶

重華宮鑑藏寶

鱸魚巨口細鱗而身斑背微青即松江之鱸亦與四方斑鱸同本草曰食宜人作鮓尤良然禁與乳酪共食多食發癖及瘡續韻府曰天下之鱸皆兩腮惟松之鱸四腮今考松江四腮鱸别是一種非巨口細鱗之斑鱸也予客松江得食四腮鱸始知類書所引多悮指也

鱸魚贊

洛鯉河魴
安慶鱘鰉
四方斑鱸
何異松江

# 鲈　鱼

鲈鱼赞：洛鲤河鲂，安庆鲟鳇。四方斑鲈，何异松江？

鲈鱼，巨口细鳞[1]而身斑，背微青。即松江之鲈，亦与四方斑鲈同。《本草》曰：食宜人，作鲊[2]尤良，然禁与乳酪共食，多食发癖[3]及疮。《续韵府》曰："天下之鲈皆两腮，惟松之鲈[4]四腮。"今考松江四腮鲈，别是一种，非巨口细鳞之斑鲈也。予客松江，得食四腮鲈，始知类书所引多误指也。

[1] 巨口细鳞：巨口细鳞是松江鲈鱼的主要特征，出自苏轼《后赤壁赋》："巨口细鳞，状如松江之鲈。"苏轼所称松江鲈鱼实为花鲈，李时珍受其影响，误将花鲈与松江鲈鱼视为同一种鱼。[2] 鲊（zhǎ）：用盐和红曲腌制的鱼。[3] 癖：病名。又称癖气。中医学上指痞块生于两胁，时痛时止。多由饮食不节、寒痰凝聚、气血瘀阻所致。[4] 松之鲈：《续韵府》原文为"松江之鲈"。

## | 译文 |

鲈鱼，嘴巴很大，鳞片很细，身上有斑点，后背微青。即便所谓的松江之鲈，这些特征也与各地的斑鲈相同。《本草》里说：这种鱼吃起来很可口，腌制后风味更佳，但忌与乳酪同食，吃多了会发癖生疮。《续韵府》说："天下的鲈鱼都是两腮，只有松江的鲈鱼是四腮。"现在考证松江的四腮鲈，是另外的一种，并不是巨口细鳞的斑鲈。我客居松江的时候，有机会吃到了四腮鲈，才知道类书里所引用的多数是错的。

# 海鳜鱼

海鳜鱼赞：口哆目眦，身斑头刺。杰态雄姿，虎鱼之次。

凡江湖所产之鱼，海中并有，鳜鱼[1]其一也，但首多刺而华美为异耳。《尔雅翼》谓："凡牛羊之属，有肚[2]，故能嚼。鱼无肚不嚼，鳜鱼[3]独有肚能嚼。"《本草》云：一名"鳜豚"。取胆悬北檐下[4]，令干。鱼骨鲠[5]，取少许[6]，入温酒饮之，便随顽痰[7]出。鲠在脏者，亦能治。鳢[8]、鲫[9]、青鱼胆皆可，并于腊月收之。

[1] 鳜（guì）鱼：亦称"桂鱼"。[2] 肚（dǔ）：一般常指用作食材的某些动物的胃，如猪肚、羊肚。此处仅仅指胃。[3] 鳜鱼：《尔雅翼》原文此处无"鱼"字。[4] 北檐：北向的房檐。挂在北向的房檐下，主要是为了阴干，避免强光照射。[5] 鱼骨鲠：指鱼骨头或鱼刺卡在喉咙。各种古代医书或作"鱼鲠""鱼鲠在喉中"等。鲠（gěng）：鱼骨头。[6] 取少许：《肘后备急方》《普济方》等书说得更为具体，是取皂角子大小。[7] 顽痰：中医指在咽喉里咯不出、咽不下的坚结胶固之痰。亦称"老痰""结痰""郁痰"。[8] 鳢：音lǐ。[9] 鲫：音jì。

## | 译文 |

凡是江湖所产的鱼，海中也有同类，鳜鱼就是这样一种鱼，但差别是海鳜鱼头部长有很多刺而且更为艳丽。《尔雅翼》里说："凡牛羊之类的动物，都有胃，所以能咀嚼。鱼没有胃，不能咀嚼，而鳜鱼单单有胃，能咀嚼。"《本草》里说：鳜鱼也叫"鳜豚"。取它的胆悬挂在北向的房檐下，使它阴干。一旦有鱼骨头卡在喉咙里，就取皂角子大小，泡在温酒里饮用，鱼骨头便能随着胶结的老痰一起咳出来。鱼刺刺进五脏里，也能治疗。鳢鱼、鲫鱼、青鱼的胆都有这样的功效，它们都可以在腊月里收集处理。

凡江湖所產之魚海中並有鱖魚其一也但首多刺而華美爲異耳爾雅翼謂凡牛羊之屬有肚故能嚼魚無肚不嚼鱖魚獨有肚能嚼本草云一名鱖豚取胆懸北簷下令乾魚骨鯁取少許入温酒飲之便隨顽痰出鯁在臟者亦能治鱧鯽青魚胆皆可並于臘月收之

海鱖魚贊

口哆目眺
身斑頭刺
傑態雄姿
虎魚之次

廈門海上產一種小魚名曰江魚至春則發背上一條燦爛如銀長不過二寸土人晏客以爲珍品乾之可以貽遠人煠此魚先以粗糠焙熱然後下魚不焦而自脆矣

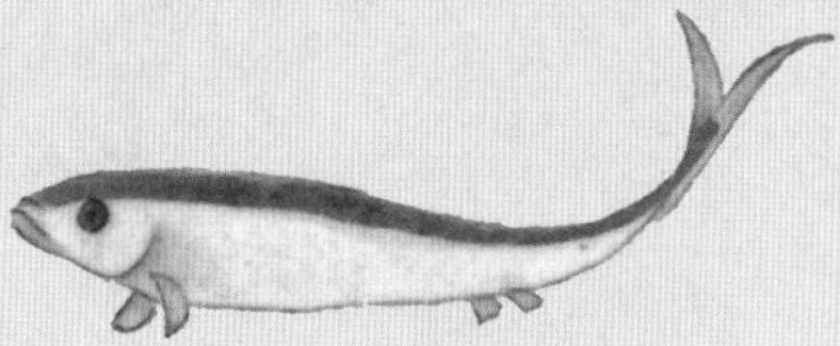

廈門江魚贊

江魚味美

其背銀裝

乾而腊之

可携遐方

# 厦门江鱼

厦门江鱼赞：江鱼味美，其背银装。干而腊之，可携遐方。

厦门海上产一种小鱼，名曰“江鱼”，至春则发[1]。背上一条，灿烂如银，长不过二寸。土人[2]晏[3]客，以为珍品，干之可以贻[4]远人。炸[5]此鱼，先以粗糠焙[6]热，然后下鱼，不焦而自脆矣。

[1] 发：形成鱼汛。[2] 土人：外地人称经济、文化等不发达地区的当地人。有时含有轻视的意味。[3] 晏：同“宴”。古人“晏”“宴”二字常常混用，如本书第054页赞语中“宴”字通常应作“晏”，依原文未改。[4] 贻（yí）：赠送。[5] 炸（zhá）：把食物放入沸油中弄熟。[6] 焙（bèi）：用微火烘烤。

**| 译文 |**

厦门海域出产一种小鱼，名叫“江鱼”，到春天就会形成鱼汛。江鱼后背上有一条灿烂如银的斑纹，这种鱼长不过两寸。当地人将它作为待客珍品，晾干后则往往作为馈赠佳品送给远方的亲友。炸这种鱼，先裹上粗糠，用微火烘烤，然后下油锅炸，这样做既不会把鱼炸焦，口感又是酥脆的。

# 鲻　鱼

鲻鱼赞：鲻鱼啖泥，目赤背丰。至冬穴土，性同蛰虫。

《汇苑》云：松江海民于潮泥中凿池，仲春[1]于潮水中捕小鲻[2]盈[3]寸者养之，秋而盈尺，腹背皆腴[4]，为池鱼之最。其鱼至冬，能牵泥自藏。《本草》云：此鱼食泥，与百药无忌，久食令人肥健。《神女传》载[5]：介象[6]与吴王[7]论鱼味，称鲻鱼为上，乃于殿前作方坎[8]，汲水饵鲻，鲙[9]之。

[1] 仲春：春天的第二个月，即农历二月。[2] 鲻：音zī。[3] 盈：满。[4] 腴：胖，肥，丰满。[5] 介象为孙权取鱼作脍一事，各类典籍里都说是出自晋朝葛洪的《神仙传》，此处出自《神女传》之说或系《海错图》作者误记。译文依《海错图》原文，未加更正。[6] 介象：字元则，会稽（今浙江绍兴）人，汉末三国时期吴国著名的隐士、方士。[7] 吴王：指孙权。孙权（182—252），字仲谋，吴郡富春（今浙江杭州富阳区）人，三国时期东吴的开国皇帝。孙权在公元222年曾被魏文帝曹丕册封为吴王。[8] 坎：低洼的水坑。[9] 鲙：同“脍”，指细切的肉、鱼。《神仙传》载：介象说“取以作生鲙”，当指生鱼片。

｜译文｜

《汇苑》里说：松江海民在退潮的泥中挖一水池，二月时在潮水中捕得刚满一寸长的小鲻鱼放入其中养起来，到了秋天就能达一尺长了，它的腹部背部富含脂肪，是池鱼中最鲜美的。这种鱼到了冬天，能钻进淤泥里把自己藏起来。《本草》里说：这种鱼吃泥，与各种药材没有禁忌，经常食用能令人健壮。《神女传》记载：介象与吴王孙权谈论鱼的滋味，说鲻鱼为上品，就在殿前挖了个方形水坑，取水注入其中，钓得鲻鱼，制作生鱼片。

彙苑云松江海民於潮泥中鑿池仲春於潮水中捕小鯔盈寸者養之秋而盈尺腹背皆腴為池魚之最其魚至冬能窜泥自藏本草云此魚食泥與百藥無忌久食令人肥徤神女傳載介象與吳王論魚味稱鯔魚為上乃於殿前作方坎汲水餌鯔鱠之

鯔魚贊

鯔魚喫泥
目赤背豐
至冬穴土
性同蟄蟲

橄欖湯皆可解也龔清尤妙張漢逸曰與荆芥等風藥相反服風藥而食之不治按食此者止知其毒害人而不知尤與風藥相反故并識之河豚豚字字彙作魨字言魚之如豚也

騰雲子曰河豚魚色有數種有灰色而斑者有黃色而斑者有綠色而斑者獨五色成章而圓暈者爲最麗其色內一塊圓綠外繞紅邊紅外則白白外則一大暈藍深翠可愛藍外則又繞以紅而後及本色焉海人取其大者剔肉取皮用綳竝鼓色甚華藻而音亦清亮不識者疑以爲繪而不知實出本色也予因考其色亦載本草云河豚腹白背有赤道如印疑即此也而字彙魚部中亦有鯽魚註云身上似印予別有解非河豚之暈紋也其名與鯸鮐有別

考字彙鮵魚鯢魚並河豚別名大名鯸鮐魚河豚之背有紋如老人肌膚故老人曰鮐背彙苑云河豚無腮無鱗口與目能闔闢作聲嘗取小河豚以口吹之能令肚大氣不通之明驗也水中以物撥之即嗔入網即怒而死故亦名嗔魚聞醫家云人之怒氣多從肝起而肝又與目通故肝虛者流淚而怒狀亦現于目得此意而通之可知此魚之嗔似人全起于肝而及于目故食者必棄肝與目而並去附肝之血總從此怒根上打發得潔净則毒自去矣或問河豚怒氣何以成毒曰太和之氣充塞兩間故萬物各遂其生河豚獨負一種戾氣蘊結於中而不散寧非毒乎

本草河豚魚江海並有海中尤毒肝及子入口爛舌入腹爛腸灸之不可近鐺以物懸之昔

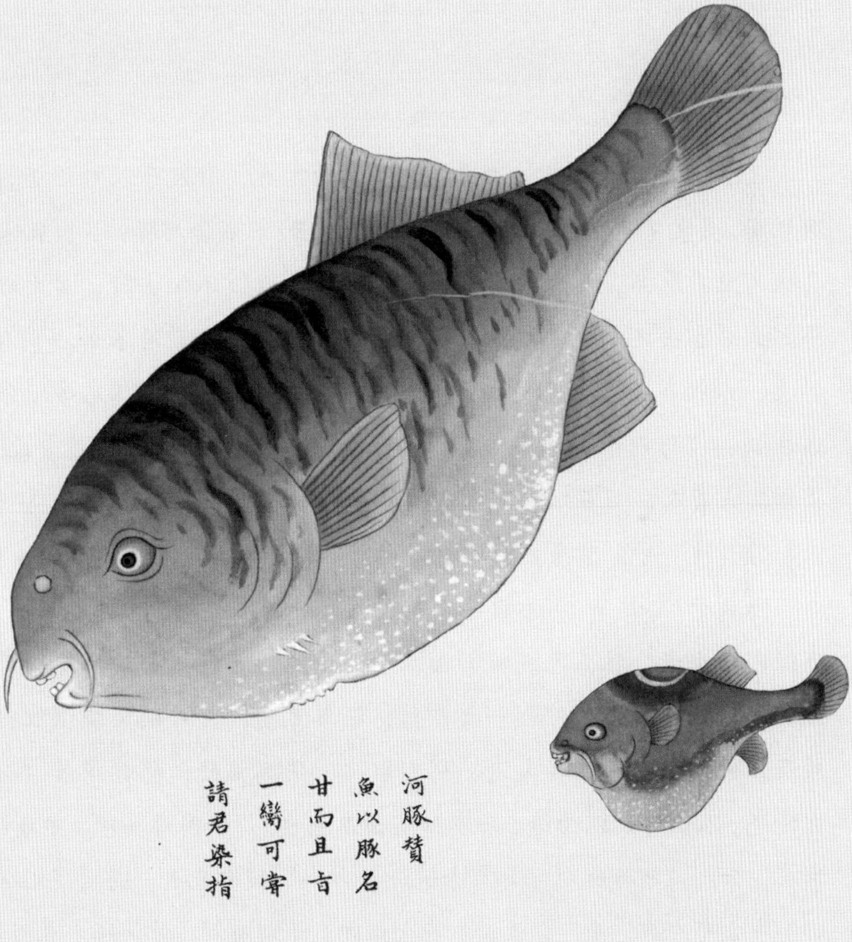

河豚贊

魚以豚名
甘而且旨
一臠可嘗
請君染指

# 河　豚

河豚赞：鱼以豚名，甘而且旨。一脔可尝，请君染指。

《本草》：河豚鱼，江海并有，海中尤毒，肝及子入口烂舌，入腹烂肠，炙之不可近铛[1]，以物悬之。昔人云："不食河豚，不知鱼味。"其味为鱼中绝品，然有大毒，能杀人。烹此者，不但去肝，目之精、脊之血并宜去之。洗宜极洁，煮宜极熟，尤忌见尘。治不如法，人中其毒，以槐花末或龙脑水或橄榄汤，皆可解也，粪清[2]尤妙。张汉逸[3]曰："与荆芥等风药相反[4]，服风药而食之不治。"按：食此者，止知其毒害人，而不知尤与风药相反，故并识之。河豚，"豚"字《字汇》作"魨"字，言鱼之如豚也。

腾云子[5]曰："河豚鱼色有数种，有灰色而斑者，有黄色而斑者，有绿色而斑者。独五色成章而圆晕者为最丽，其色内一块圆绿，外绕红边，红外则白，白外则一大晕蓝，深翠可爱，蓝外则又绕以红，而后及本色焉。海人取其大者，剔肉取皮，用绷弦鼓，色甚华藻，而音亦清亮。不识者疑以为绘，而不知实出本色也。"予因考其色，亦载《本草》，云："河豚腹白，背有赤道[6]如印。"疑即此也。而《字汇·鱼部》中亦有"鉚[7]鱼"，注云：身上似印。予别有解，非河豚之晕纹也，其名与"鯸鲐[8]"有别。

考《字汇》，"鲍[9]鱼""鯢[10]鱼"，并河豚别名，大名"鯸鲐鱼"。河豚之背有纹，如老人肌肤，故老人曰"鲐背[11]"。《汇苑》云：河豚无腮、无鳞，口与目能阖辟作声。尝取小河豚，以口吹之，能令肚大，气不通之明验[12]也。水中以物拨之即嗔，入网即怒而死，故亦名“嗔鱼”。闻医家云，人之怒气多从肝起，而肝又与目通，故肝虚者流泪而怒状亦现于目。得此意而通之，可知此鱼之嗔似人，全起于肝而及于目。故食者必弃肝与目，而并去附肝之血，总从此怒根上打发得洁净，则毒自去矣。或问：河豚怒气何以成毒？曰：太和之气[13]，充塞两间[14]，故万物各遂其生。河豚独负一种戾气，蕴结[15]于中而不散，宁非毒乎？

[1] 铛（chēng）：釜类炊具，现代一般指烙饼用的平底锅。[2] 粪清：粪汁。[3] 张汉逸：《海错图》作者聂璜的好友。[4] 相反：相克。[5] 腾云子：人名或书名，待考。[6] 赤道：红色条纹。[7] 鲫：音yìn。[8] 鯸鲐：（hóu yí）：河豚的别名，也作“鯸鮧”“鯸鮔（yí）”。“鲐”另有“tái”音，参见注释[11]。[9] 鮠：音wéi。[10] 鯢：音guī。[11] 鲐（tái）背：古人因为老人“背皮如鲐鱼”，所以用“鲐背之年”称老人长寿（有时特指老人九十岁）。此处反说河豚之背如老人。按：“鲐”字为多音字，读“yí”时为河豚别名，读“tái”时指油筒鱼（鲭鱼）。“鲐背”之“鲐”系指后者，与河豚无关，书中误将二者混淆。[12] 明验：明显的证验或应验。[13] 太和之气：指天地间冲和之气。[14] 两间：天地之间。[15] 蕴结：郁结。

## | 译文 |

《本草》记载：河豚，江海中都有，海中所产的毒性尤其大，它的肝及子入口烂舌，入腹烂肠，烤制的时候不能放进锅里，需要用东西悬挂起来。前人说：“不食河豚，不知鱼味。”它的味道堪称鱼中绝品，但是有很强的毒性，能毒死人。烹制这种鱼，不但要去肝，眼睛和脊髓中的精血也应该一并去掉。需要洗得非常干净，煮到熟透，尤忌接触灰尘。如果烹制不得法，人吃了中毒，可用槐花末、龙脑水或橄榄汤解毒，粪汁效果尤其好。张汉逸说：“这种鱼跟荆芥等风药相克，吃了风药再吃它会失去药效。”需要注意的是：吃这种鱼的，只知道它的毒对人有害，而不知道这种毒性尤其跟风药相克，所以我特地把这个知识一并记录下来。

河豚的“豚”字《字汇》里写作“魨”字，是说这种鱼很像小猪。

腾云子说：“河豚鱼的颜色有很多种，有灰色带斑点的，有黄色带斑点的，有绿色带斑点的。唯独五色花纹带圆晕的是最好看的。它的颜色，中心是绿色的，呈圆形，绿色之外是一圈红色，红色之外是一圈白色，白色之外是一圈蓝色，深深的翠蓝色非常可爱，蓝色之外又是一圈红色，这圈红色之外才是它身体本来的颜色。海边的人取其体形大的，剔肉取皮，用来绷弦鼓，颜色非常华美，而声音也清亮。不认识的人怀疑上面的花纹是画上去的，而不知道其实是出于它本来的颜色。”我于是考证它的颜色，发现《本草》里也有记载，说：“河豚腹部白色，背部有红色条纹，像印章一样。”我怀疑说的就是这个。而《字汇·鱼部》中也有“鲫鱼”，注释说：身上的纹理像印章。我认为不是指像河豚那样的晕纹。它与“鯸鲐”是有区别的。

查阅《字汇》，“鯱鱼”“鯢鱼”，都是河豚的别名，学名“鯸鲐鱼”。河豚的背部有粗糙的纹理，像老人的肌肤，所以老人又称“鲐背”。《汇苑》里说：河豚没有腮、没有鳞，口与眼睛能通过闭合与开启发出声响。我曾经拿一只小河豚做试验，用嘴吹它，能使它的肚子变大，这是它气脉不通的明显验证。在水中用东西拨弄这种鱼，它就会发怒，被渔网捕到就会发怒而死，所以也叫“嗔鱼”。听医生说，人的怒气多从肝起，而肝脏又与眼睛相通，所以肝虚的人爱流泪而发怒的样子也多体现在眼睛上。明白这个道理再融会贯通，就知道这种鱼发怒也像人一样，全起于肝脏而体现在眼睛上。所以吃它的时候必须弃掉肝脏和眼睛，并要去掉附着在肝脏的血液。总之，如果从致怒的根源上打理干净，则毒素自然去除。有人问：河豚的怒气为什么会成为毒素？我回答说：太和之气，充塞天地之间，所以万物都能顺之而生长。河豚体内有一种独特的戾气，它郁结于内而无法散去，怎么能没有毒呢？

# 刀　鱼

刀鱼赞：有物如刀，不堪剖瓜。垂涎公仪，见笑张华。

刀鱼，产福宁海洋。身狭长而光白如银，首如鰳[1]鱼而窄，腹下骨芒甚利。按：类书曰“刀鱼饮而不食”，非指此鱼也，谓鲚[2]鱼也。鲚鱼身小，腹内无肠，有饮而不食之理。鲚鱼，字书作“鱴[3]刀”。字书有“魛”字，“鱴刀”之“刀”当作“魛”。又别有“魛”字，以别魛鱼，则此鱼当称“魛鱼”，而从土俗则曰“刀鱼”。古人制字，一字必有一物，若概称“刀鱼”，则“魛”字将何着落乎？

[1] 鰳：音lè。[2] 鲚：此处音jì。[3] 鱴：音miè。

| 译文 |

刀鱼，产于福建宁德海域。它身体狭长而亮白如银，头部像鰳鱼但更窄些，腹部下有骨质芒刺，非常锋利。考证类书里说的“刀鱼饮而不食”，并不是指这种鱼，说的是鲚鱼。鲚鱼体形小，腹内没有肠子，有饮而不食的说法。鲚鱼，字书里写作“鱴刀”。字书还收录了“魛”字，“鱴刀”之“刀”当写作“魛”。既然特别造出“魛”字，以区别魛鱼，则这种鱼当称作“魛鱼”，但依从当地风俗则说“刀鱼”。古人制字，一字必对应一物，如果都概称为“刀鱼”，那么“魛”字的意义和用途又是什么呢？

刀魚贊

有物如刀不堪剖瓜
垂涎公儀見笑張華

刀魚產福寧海洋身狹長而光白如銀首如鰣魚而窄腹下骨芒甚利按類書曰刀魚飲而不食非指此魚也謂鮆魚也鮆魚身小腹內無腸有飲而不食之理鮆魚字書作鱴刀字書有魛字鱴刀之刀當作魛又別有魛字以別魛魚則此魚當稱魛魚而從土俗則曰刀魚古人制字一字必有一物若槩稱刀魚則魛字將何着落乎

七里香閩海小魚言其輕而美也其魚狹長似鱔身有方楞白色海人盤而以油煠之以為晏客佳品或以為大則海鱔然海鱔尾尖似鞭鞘此則尾如扇而背有翅其狀非也

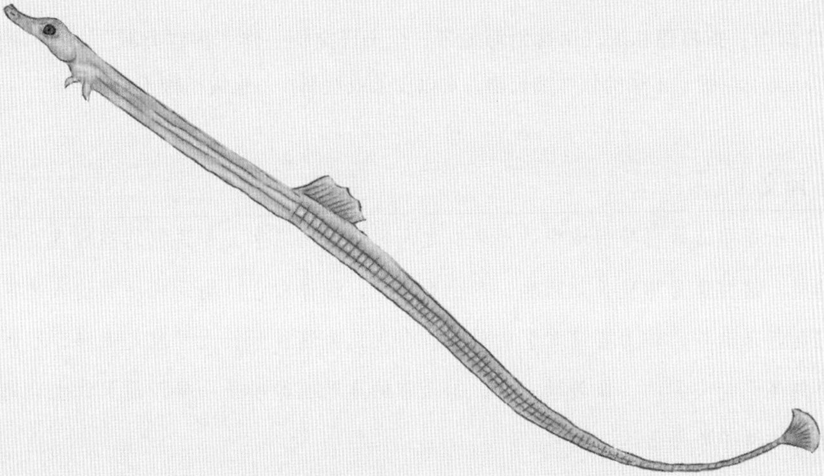

七里香贊

魚不在大
有香則名
香不在多
有美則珍

# 七里香

七里香赞：鱼不在大，有香则名。香不在多，有美则珍。

七里香，闽海[1]小鱼，言其轻而美也。其鱼狭长似鳝，身有方楞，白色。海人盘而以油炸之，以为晏客佳品。或以为大则海鳝，然海鳝尾尖似鞭鞘[2]，此则尾如扇，而背有翅，其状非也。

[1] 闽海：指福建和浙江南部沿海地带。全书译文统一作“福建海域”。[2] 鞭鞘（shāo）：鞭子末端的软性细长物，常以皮条或丝制作，也借指鞭子。

| 译文 |

七里香，是福建海域中的小鱼，之所以叫这个名字，是说它体态轻盈、味道鲜美。这种鱼身形狭长如鳝鱼，身上有方楞，通体白色。生活在海边的人通常将它盘起来油炸，作为宴请宾客的珍品。有人认为这种鱼长大了就是海鳝，然而海鳝的尾巴是尖尖的，像鞭鞘一样，七里香的尾巴则像扇子一样，而且背上有翅，两者的样子差得很远。

# 飞　鱼

飞鱼赞：文鳐夜飞，霞红电赤，直上龙门，何愁点额。

康熙丁丑[1]，闽之长溪得见是鱼，己卯[2]又见。两划水[3]长出于尾而赤，周身鳞甲皆红色，头有刺，土人称为“飞鱼”。考《尔雅翼》载：“文鳐[4]鱼出南海，大者长尺许，有翅与尾齐，亦名‘飞鱼’。群飞水上，海人候之，当有大风。”左思[5]《吴都赋》“文鳐夜飞而触纶[6]”，即此也。《本草》云：妇人临月[7]，带之易产。临产烧为末[8]，酒下一钱，亦神效。《字汇·鱼部》有“鲱[9]”字，注曰：“鱼，似鲋[10]。”鲋，鲫也。今此鱼身不大，正似鲫。

[1] 康熙丁丑：康熙三十六年，公元1697年。[2] 己卯：康熙三十八年，公元1699年。[3] 划水：用来划水的鳍，一般指鱼的胸鳍和腹鳍，或特指胸鳍。[4] 鳐：音yáo。[5] 左思（约250—305）：字太冲，齐国临淄（今山东淄博）人，西晋诗人、辞赋家。所著《三都赋》有“洛阳纸贵”的美誉。[6] 纶（lún）：较粗的丝线，多指钓鱼的丝线，这里指小网。[7] 临月：妇女怀孕足月，到了产期。[8] 临产烧为末：《证类本草》原文作：“亦可临时烧为黑末”。[9] 鲱：音fēi。[10] 鲋：音fù。

## 译文

康熙三十六年，我在福建的长溪得以见到这种鱼，康熙三十八年又见到了。它的胸鳍比尾巴长，是红色的，周身鳞甲也呈红色，头部长有刺，当地人称它为“飞鱼”。考证《尔雅翼》的记载：“文鳐鱼出自南海，大的长一尺左右，鱼翅与鱼尾齐平，也叫‘飞鱼’。生活在海边的人看到它们成群地跃出水面，就预知要起大风。”左思在《吴都赋》里有“文鳐晚上飞而触碰到了小渔网”，描述的就是这种鱼。《本草》里说：妇人怀孕足月到了产期时，携带它容易生产。临产时把这种鱼烧为末，用酒服下一钱的分量，也有神效。《字汇·鱼部》有“䲁”字，注释说：“一种鱼，和鲋类似。”鲋，就是鲫鱼。而现在提到的这种鱼体形不大，正像鲫鱼。

康熙丁丑閩之長溪得見是魚己卯又見兩划水長出於尾而赤週身鱗甲皆紅色頭有刺土人稱為飛魚攷爾雅翼載文鰩魚出南海大者長尺許有翅與尾齊亦名飛魚羣飛水上海人候之當有大風左思吳都賦文鰩夜飛而觸綸即此也本草云婦人臨月帶之易產臨產燒為末酒下一錢亦神効字彙魚部有⿰魚飛字註曰魚似鮒鮒鯽也今此魚身不大正似鯽

飛魚贊

文鰩夜飛
霞紅電赤
直上龍門
何愁點額

# 小　鱼

小鱼赞：有鱼不老，小时了了。蟪蛄春秋，安知寿夭？

凡江湖中每有一种小鱼，永不能大，所谓“武阳之鱼，一斤千头[1]”者是也。海亦有之。闽之宁德，海产一种丁香鱼，长仅半寸。三四月发，海人干之，以售远近。此种鱼以小为体，自成一家，故《字汇·鱼部》特为小鱼存“𫚖[2]”字纪类也。然此“𫚖”字，非小而能大[3]之“小[4]”也。“鱼部”又有“魟”字，与“𫚖”同，则小而便了此一生[5]也。

[1] 一斤千头：指上千条这种鱼才仅仅重一斤。[2] 𫚖：音xiǎo。[3] 小而能大：指由小长到大。这里的意思是这种鱼不是因为没有成年才显得小，而是成年了个体也这么小。[4] 小：《海错图》原文此处作“𫚖”，据文意改。[5] 这句话的意思是这种鱼一生个头都小，不会长大。

｜译文｜

江湖中有一种小鱼永远长不大，这就是所谓的“武阳之鱼，一斤千头”。大海里也有这种鱼。福建的宁德海域出产一种丁香鱼，长仅半寸。三四月形成鱼汛，渔民将它晾干，以销往远近各地。这种鱼以小为特色，自成一派，所以《字汇·鱼部》特为小鱼收录了“𫚖”字以标明其类。然而这个“𫚖”字，并不收录那些能够长大的“小鱼”。鱼部又有“魟”字，与“𫚖”同义，皆意为终其一生，它的体形都是这么小。

凡江湖中每有一種小魚永不能大所謂武陽之魚一斤千頭者是也海亦有之閩之寧德海產一種丁香魚長僅半寸三四月叢海人乾之以售遠近此種魚以小為體自成一家故字彙魚部特為小魚存⿰魚小字紀類也然此⿰魚小字非小而能大之⿰魚小也魚部又有⿰魚了字與⿰魚小同則小而便了此一生也

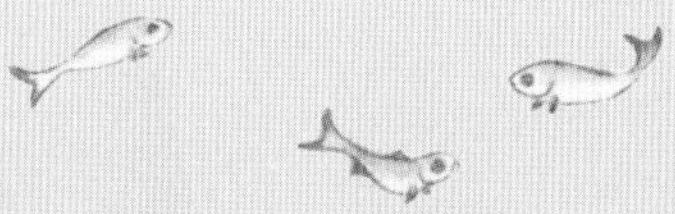

小魚贊

有魚不老
小時了了
蟪蛄春秋
安知壽夭

划腮魚亦名濶嘴魚口閉似小口張則大下頷隱於上唇故耳背腹有黑斑點體青色腹白無鱗有齒尾圓身促眼小能闔闢畧似河豚狀腹中止有一短腸及胃囊而已肉可食若生剔肉取其整皮可為魚燈善食蝦蝦苗叢處則聚焉網中往往驗之字彙魚部有鰕字疑即食蝦之魚也食蟳者雖曰蟳虎然魚部亦有鱏字疑亦指蟳虎故燕魟食蚶亦有魽字蠔魚食蠣亦有鱱字不如此推解則蝦蠏蚶蠣皆已從虫何必又從魚哉

划腮魚賛

肚大口濶
何求不獲
柰止嗜蝦
眼小量窄

# 划腮鱼

划腮鱼赞：肚大口阔，何求不获？奈止嗜虾，眼小量窄。

划腮鱼，亦名“阔嘴鱼”。口闭似小，口张则大，下颌隐于上唇故耳。背腹有黑斑点，体青色，腹白无鳞，有齿，尾圆，身促，眼小能阖辟，略似河豚状，腹中止有一短肠及胃囊而已。肉可食。若生剔肉，取其整皮，可为鱼灯。善食虾，虾苗发处则聚焉，网中往往验之。《字汇·鱼部》有“鰕”字，疑即食虾之鱼也。食蟳[1]者，虽曰“蟳虎”，然鱼部亦有“鱘[2]”字，疑亦指蟳虎。故燕虹食蚶，亦有“魽[3]”字，蠔鱼食蛎，亦有“鱺[4]”字。不如此推解，则“虾”“蟹”“蚶”“蛎”皆已从“虫”，何必又从“鱼”哉?

[1] 蟳（xún）：一种蟹。[2] 鱘（xiè）：同“蟹”。[3] 魽（hān）：古同“蚶”。[4] 鱺（lì）：古同“鳢（lǐ）”。

| 译文 |

划腮鱼，又名“阔嘴鱼”。闭嘴时，看上去嘴很小，张嘴时，则显得很大，这是它的下颌隐藏在上唇中的缘故。这种鱼的背部和腹部有黑色的斑点，身体呈青色，腹部无鳞呈白色，长有牙齿，尾部呈圆形，身体短小，眼睛小而能开合，与河豚相似，腹中只有一条短肠和胃囊。鱼肉可以食用。如果生剔下它的肉，取下整块鱼皮，可以制成鱼灯。划腮鱼喜欢吃虾，经常聚集在小虾苗成批出现的地方，这一点从渔网中的捕获情况就可以看出来。《字汇·鱼部》中记有“鰕”字，可能就是吃虾的鱼。吃蟳的，虽然叫“蟳虎”，但鱼部也有“鱘”字，可能也是指蟳虎。所以，燕虹吃蚶，便造有“魽”字，蠔鱼吃蛎，也造有“鱺”字，如果不这样推演解释，那么“虾”“蟹”“蚶”“蛎”的字形都已经从“虫”，何必又从“鱼”呢?

# 蟳虎鱼

蟳虎鱼赞：尔状不威，尔力未强。乃以虎名，以柔制刚。

蟳虎鱼，黑绿色，形如土附[1]，细鳞而阔口。常游海岩石隙间，或有石蟳[2]藏于其内，则以尾击挞之。蟳觉，伸一螯[3]，钳其尾。此鱼竭力摇尾，脱其螯，弃之，复至其隙，又以尾探。蟳怒，尚有一螯，再伸而钳其尾，仍如前摇脱其螯，抽出，弃之。盖此鱼之尾甚薄，蟳螯虽利，所损无几。抖而落去，脱然[4]无恙。然后游至石隙，不以尾而用首索之。蟳无所恃，但出涎沫，作郭索[5]状。鱼乃以口吸螯折伤处，全身之肉尽为吮去。未几蟳毙，而鱼已饱矣。渔人每见，奇而述之，人亦未信。网中所得蟳虎鱼，其尾往往裂破不全，兹足验也。尝闻蜗牛至弱也，而能制蜈蚣，必先以涎落其足。今蟳虎欲食蟳，必先损其螯，其智一也。凡人之技艺必从习学，而物类之智尽自天秉[6]。《庄子》[7]曰："以蜘蛛、蛣蜣[8]之陋，而布网转丸，不求之于工匠，则万物各有能也。"信然矣。

[1] 土附：中药名。为塘鳢科动物沙塘鳢的肉。[2] 石蟳：圆石蟹。[3] 螯：螃蟹等节肢动物变形的第一对脚，形状像钳子，能开合，用来取食或自卫。[4] 脱然：安然舒适的样子。[5] 郭索：螃蟹爬行貌。[6] 天秉：天赋。[7] 此段文字并非出自《庄子》原文，而是出自晋代郭象的《庄子注》。[8] 蛣（jié）蜣：蜣螂，俗称"屎壳郎"。

## | 译文 |

蜉虎鱼，黑绿色，外形像土附一样，鳞片细密，鱼嘴宽阔。常游于海中岩石的石缝间，一旦发现有石蜉藏在其中，就用尾巴抽它。石蜉被惊动了，就伸出一只螯钳夹住它的尾巴。蜉虎鱼就尽力摇动尾巴，将石蜉的螯钳挣断丢弃。过一会儿又来到石缝，仍用尾巴试探。石蜉发怒了，它伸出仅存的一只螯钳再次夹住蜉虎鱼的尾巴，蜉虎鱼故技重施，将螯钳挣断丢掉。蜉虎鱼的尾巴非常薄，蜉螯虽然锋利，但蜉虎鱼所受的损伤并不大。它抖落掉螯钳之后，自己安然无恙。最后，蜉虎鱼重新游到石缝，这回不用尾巴，而是用头探寻。石蜉已经无所凭借，只能吐出涎沫，爬来爬去。蜉虎鱼就用嘴吮吸石蜉螯钳折伤的地方，石蜉的肉都被它吸去，很快就死掉了，而这种蜉虎鱼已然吃饱了。渔民每每见到，感到惊奇而向别人描述，人们都不相信。可是渔网中捕到的蜉虎鱼，它的尾巴往往裂破不全，这足以验证了。曾经听说蜗牛极为柔弱，但却能制服蜈蚣，它一定先用涎沫粘掉蜈蚣的脚。现在蜉虎鱼想要吃蜉，一定会先弄掉它的螯钳，它们的智慧是一样的。凡是人的技艺一定从学习得来，而动物的智慧往往出自天赋。晋代郭象注释《庄子》说："蜘蛛和蛣蜣那样低微，却能编织蛛网、滚动粪球，不用请工匠来做，这样看来，万物各有其能。"确实是这样啊。

蟳虎魚黑綠色形如土附細鱗而濶口常游海巖石隙間或有石蟳藏於其內則以尾擊撻之蟳覺伸一螯鉗其尾此魚竭力搖尾脫其螯棄之復至其隙又以尾探蟳怒尚有一螯再伸而鉗其尾仍如前搖脫其螯抽出棄之蓋此魚之尾甚薄蟳螯雖利所損無幾抖而落去脫然無恙然後游至石隙不以尾而用首索之蟳無所恃但出涎沫作郭索狀魚乃以口吸螯折傷處全身之肉盡爲吮去未幾蟳斃而魚已飽矣漁人每見奇而述之人亦未信網中所得蟳虎魚其尾往往裂破不全茲足驗也嘗聞蝎牛至弱也而能制蜈蚣必先以涎落其足今蟳虎欲食蟳必先損其螯其智一也凡人之技藝必從習學而物類之智盡自天秉莊子曰以蜘蛛蛣蜣之陋而布網轉丸不求之于工匠則萬物各有能也信然矣

蟳虎魚贊

爾狀不威爾力未强
乃以虎名以柔制剛

銅盆魚土稱也其色紅黄而體長圓故名大者如海鯽但色紅而鱗細有不同耳產閩海閩志載有銅盆魚然閩東北海上亦有此魚另有一名不曰銅盆大發時海爲之赤

銅盆魚贊

蠣稱海鏡螺作手巾
魚中器皿更有銅盆

# 铜盆鱼

铜盆鱼赞：蛎称海镜，螺作手巾。鱼中器皿，更有铜盆。

铜盆鱼，土称也。其色红黄而体长圆，故名。大者如海鲫，但色红而鳞细，有不同耳。产闽海，《闽志》载有“铜盆鱼”。然闻东北海上亦有此鱼，另有一名，不曰“铜盆”。大发时，海为之赤。

**|译文|**

铜盆鱼，是这种鱼的俗称。它颜色红黄而体形长圆，因形如铜盆而得名。这种鱼大的像海鲫，但颜色较之更红，鳞片更细密，跟海鲫有所不同。它产于福建海域，《闽志》记载有“铜盆鱼”。然而听说东北地区的海域也有这种鱼，不过不叫“铜盆鱼”，而是另有其名，铜盆鱼出现大的鱼汛时，海面都因此显现红色。

# 鲚 鱼

鲚鱼赞：两鬓蓬松，鱼中老翁。奈尔小弱，只算幼童。

鲚[1]鱼，《字汇》注："齐上声，刀鱼，饮而不食。"今按：鲚鱼腹中甚窄，止有一血膘，似无肠可食，其腹下如刀。《尔雅翼》曰："刀鱼[2]，长头而狭薄，腹背如刀，故以为名。"与石首鱼皆以三月、八月出，故《江赋》[3]云"鯼[4]鲚顺时而往还"。按：鲚鱼，江南浙闽江海皆有，而闽中四季不绝。大者长尺余，两边划水之上，更有长鬣[5]如须者，各六茎[6]拖下，闽中呼为"凤尾鲚"。常州江阴产子鲚，小短，仅三寸余即有子。苏人炙干，其味甚美。宦商常贻远人。按：《江阴志》作"鲚"，疑"鲚"当与"鲚"同。及考《字汇》，则又注曰："齐上声，鱼名"，并不注明是何种鱼。《字汇》："鱴魛，鲚鱼也。""鲚"疑从"些"，渺小也。亦作"鮤[7]"，其鱼之来，成行列也。鱴魛，象小刀之形；别有魛鱼，则刀之大者矣。

---

[1] 鮆：音jì。[2] 刀鱼：《尔雅翼》此处原文作"鮆，刀鱼也"，下文"腹背如刀"《尔雅翼》原文为"其腹背如刀"。[3]《江赋》：晋朝文学家郭璞创作的一篇描写长江的辞赋。[4] 鯼（zōng）：石首鱼。[5] 鬣（liè）：常指马、狮子等兽类项上的长毛，有时也指鱼颔旁的小鳍。[6] 六茎：六根。茎，用于长条形东西的量词。[7] 鮤：音liè。

## | 译文 |

鲚鱼，《字汇》里“鲚”字的注音是“齐”字的上声，解释为：“刀鱼，只饮水，而不吃食物。”今按：鲚鱼腹中非常狭窄，仅有一个血膘，好像没有肠子，所以不用进食，它的后腹部就像一把弯刀，《尔雅翼》里说：刀鱼，长长的头而身体又窄又薄，腹背部像刀，因此得名。它与石首鱼都是在三月和八月出现，所以郭璞的《江赋》里说：“石首鱼和鲚鱼顺应时节往返。”按：鲚鱼在江南的浙江、福建的江海里都有，而福建地区则四季繁生。大的长一尺多，两边划水的胸鳍上方左右各另有六根游离鳍条，如胡须般垂摆着，福建地区管它叫“凤尾鲚”。常州江阴出产一种子鲚，长得又小又短，仅三寸多就有鱼子了。苏州人将它烤成鱼干，味道非常鲜美。官员和商人常用它馈赠远方亲友。按：《江阴志》作“鲚”，可能“鲚”与“鲚”相同。等考查《字汇》，则又注释说：“齐上声，鱼名。”并没有注明是哪种鱼。《字汇》里说：“鱴鮤，鲚鱼也。”“鲚”字可能从“些”，有“渺小”的意思。也写作“鮆”，这种鱼成行列队游动。鱴鮤，像小刀的样子；另有鮤鱼，则是像大刀的样子。

鮆魚字彙註齊上聲刀魚飲而不食今按鮆魚腹中甚窄止有一血膘似無腸可食其腹下如刀爾雅翼曰刀魚長頭而狹薄腹背如刀故以為名與石首魚皆以三月八月出故江賦云鯼鮆順時而往還按鮆魚江南浙閩江海皆有而閩中四季不絕大者長尺餘兩邊划水之上更有長鬚如鬚者各六莖拖下閩中呼為鳳尾鮆常州江陰產子鮆小短僅三寸餘即有子鮝人炙乾其味甚美宦商常貽遠人按江陰志作鱭疑鱭當與鮆同及考字彙則又註曰齊上聲魚名並不註明是何種魚字彙鱴魛鮆魚也鮆疑從此渺小也亦作鮤其魚之來成行列也鱴魛象小刀之形別有魛魚則刀之大者矣

鮆魚贊

兩鬚蓬鬆魚中老翁

柰爾小弱只算幼童

海鰆魚身有黄點淡水所産者其斑黑其狀略異此魚云與蛇交而孕故其刺甚毒海鰆疑亦然也字書鰆但註魚名不詳是何種類

海鰆魚贊

海魚類鰆身斑背刺

說文篇海未詳其字

# 海鲚鱼

海鲚鱼赞：海鱼类鲚，身斑背刺。《说文》《篇海》，未详其字。

**海鲚[1]鱼，身有黄点。淡水所产者，其斑黑，其状略异。此鱼云与蛇交而孕，故其刺甚毒。海鲚疑亦然也。字书“鲚”但注“鱼名”，不详是何种类。**

[1] 鲚：音jì。

**｜译文｜**

海鲚鱼，身上有黄点。淡水所产的鲚鱼，斑点为黑色，形状稍有不同。据说淡水鲚鱼能与蛇交配并孕育出后代，所以它的刺非常毒。海鲚鱼可能也是这样。字书里的“鲚”只注释说是鱼名，不清楚是什么种类。

# 毬　鱼

毬鱼赞：蹴鞠离尘，海上浮沉。齐云之客，问诸水滨。

毬鱼，产广东海上。其形如鞠毬[1]，而无鳞翅。粤人钱一如为予图述云：其肉甚美，而纹如丝。志书不载，类书亦缺，惟《遁斋闲览》悉其状。

[1] 鞠毬（qiú）：古代的一种实心球。皮制，里面填毛。

## | 译文 |

毬鱼，产于广东海域。它的形状像鞠毬，而没有鳞和翅。广东人钱一如给我画图并描述说：它的肉味非常鲜美，体表有像细丝一样的纹路。各种方志书籍都没有记载，类书里也缺少相关资料，只有《遁斋闲览》完整描述了它的样子。

毬魚產廣東海上其形如鞠毬而無鱗翅粵人錢一如爲予圖述云其肉甚美而紋如絲誌書不載類書亦缺惟遯齋閒覽悉其狀

毬魚贊

蹴鞠離塵海上浮沉
齊雲之客問諸水濱

鯧魚贊

態嬌骨軟魚比於娼
啖者不饜溫柔之鄉

彙苑云鯧一名鰣字彙註鰣不作鯧鮮福州誌鯧魚之外更有鰣魚又似二物矣彙苑稱鯧魚身匾而頭銳狀若鰣刀身有兩斜角尾如燕尾鱗細如粟骨軟肉白其味極美春晚最肥俗比之為娼以其與群魚遊也或謂鯧魚與雜魚交考珠璣藪云鯧魚遊泳群魚隨之食其涎沫有類于娼故名似矣然不解何以群魚必隨詢之漁叟曰此魚鱗甲如銀在水白亮最炫魚目故諸魚喜隨且其性柔弱尤易狎昵而吮其涎沫非與雜魚交也按海之有鯧魚猶淡水之有鯿魚也其狀畧同而濶過之肥美正等字彙註鯧曰鯧鯸但稱魚名而不詳解

# 鲳　鱼

鲳鱼赞：态娇骨软，鱼比于娼。啖者不鲠，温柔之乡。

《汇苑》云：鲳，一名“鲳[1]”。《字汇》注“鲳”，不作“鲳”解。《福州志》“鲳鱼”之外，更有“鲳鱼”。又似二物矣。《汇苑》称：鲳鱼，身匾[2]而头锐，状若锵刀，身有两斜角，尾如燕尾，鳞细如粟，骨软肉白，其味极美，春晚最肥。俗比之为娼，以其与群鱼游也。或谓：鲳鱼与杂鱼交。考《珠玑薮》云：鲳鱼游泳，群鱼随之，食其涎沫，有类于娼，故名似矣。然不解何以群鱼必随？询之渔叟，曰：“此鱼鳞甲如银，在水白亮，最炫鱼目，故诸鱼喜随；且其性柔弱，尤易狎昵，而吮其涎沫，非与杂鱼交也。”按：海之有鲳鱼，犹淡水之有鳊[3]鱼也。其状略同，而阔过之，肥美正等。《字汇》注“鲳”曰“鲳鯸”，但称“鱼名”而不详解。

[1] 鲳：音jiāng。[2] 匾：同“扁”。[3] 鳊：音biān。

**｜译文｜**

《汇苑》里说：鲳鱼，一名“鲳鱼”。《字汇》里注释“鲳”，不作“鲳”来解。《福州志》里除“鲳鱼”之外，还记载了“鲳鱼”。好像这又是两种东西。《汇苑》称：鲳鱼，身体扁平而头部尖锐，形状像锵刀，身上有两个斜角，尾巴像燕尾，鳞细得像小米，骨软肉白，它的味道极其鲜美，春末的时候最为肥腴。

民间把它比作娼妓，是因为它与各种鱼混游。有人说：鲳鱼与各种鱼交配。查证《珠玑薮》，书里说：鲳鱼游泳时，各种鱼跟随着它，吃它的涎沫，情形类似于娼妓，所以名字也类似。然而让人不解的是：为什么各种鱼一定跟随着它？询问捕鱼的老人，老人说："这种鱼的鳞甲像银子一样，在水中特别白亮，最为耀眼，所以各种鱼喜欢跟随；而且它的性情柔弱，尤其容易亲近，因此吮食它的涎沫，并非是它与各种鱼交配。"按：海里有鲳鱼，就好比淡水里有鳊鱼。它们的形态大致相同，但鲳鱼比鳊鱼更宽些，体肥味美不相上下。《字汇》里解释"鲳"字为"鲳鯸"，只说是"鱼名"，而没有详细解释。

# 海银鱼

海银鱼赞：鱼以银名，难比白镪。贪夫羡之，望洋而想。

海银鱼，产连江[1]海中。喜食虾。凡淡水所产者，白、小，味美；海中所产者，大而黄，味稍劣。

[1] 连江：今连江县，隶属于福建省福州市。

| 译文 |

海银鱼，产于福建连江海域。喜欢吃虾。凡是淡水所出产的，颜色白、体形小，味道鲜美；海中所出产的，体形大、颜色黄，味道稍差。

海銀魚產連江海中喜食蝦凡淡水所產者白小味美海中所產者大而黃味稍劣

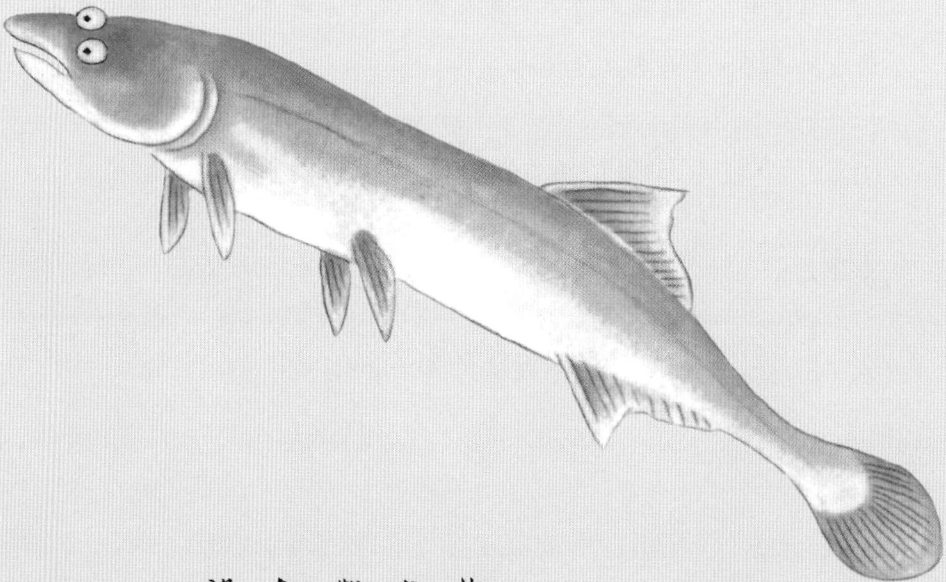

海銀魚贊

魚以銀名
難比白鏹
貪夫羨之
望洋而想

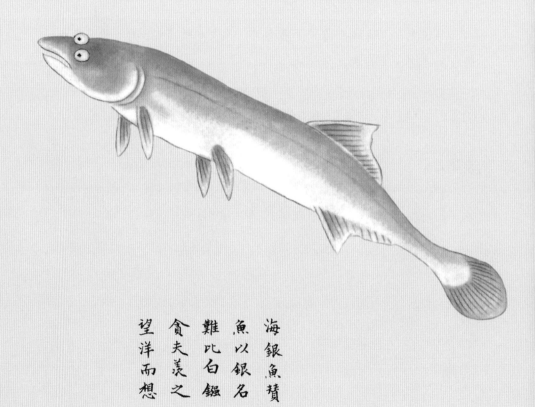

青絲魚即海鯉也其色青網中偶有得之者臺灣海洋甚多性必喜深水故魚背半身翠碧可愛故稱青絲以其色名也其肉腴其味美土人以此為餽貽珍品

青絲魚贊

一鳴驚人鸚鵡柳枝
青魚碧海不躍誰知

# 青丝鱼

青丝鱼赞：一鸣惊人，鹦鹉柳枝。青鱼碧海，不跃谁知？

**青丝鱼，即海鲤也。其色青，网中偶有得之者。台湾海洋甚多。性必喜深水，故鱼背半身翠碧可爱，故称“青丝”，以其色名也。其肉腴，其味美，土人以此为馈贻珍品。**

**｜译文｜**

青丝鱼，就是海鲤。它的身体呈青色，下网时，偶尔能捕到它。我国台湾海域中有很多这种鱼。青丝鱼喜欢在深水区域生活，所以鱼背呈可爱的翠碧色，因此被称为“青丝”，这是用它的颜色命名。青丝鱼肉质肥厚，味道鲜美，当地人把它作为馈赠的珍品。

# 鹅毛鱼

鹅毛鱼赞：一盏渔灯，海岸高撑。鱼从羽化，弃暗投明。

《汇苑》载：东海尝产鹅毛鱼，能飞。渔人不施网，用独木小艇，长仅六七尺，艇外以蛎粉白之，黑夜则乘艇，张灯于竿，停泊海岸。鱼见灯，俱飞入艇。鱼多则急息灯，否则恐溺艇也，即名其鱼为“鹅毛艇[1]”。予奇之，但以不见此鱼为恨[2]。及客闽，访之渔人，曰：“予辈于海港取水白鱼亦用此法，然非鹅毛鱼也。”后有漳南陈潘舍曰：“此鱼吾乡亦谓之‘飞鱼’，其捕取正同前法。其形长狭，有细鳞，背青腹白。两划水上，复有二翅，长可二寸许。其尾双岐[3]，亦修长，以助飞势。三四月始有，可食。腹内有白丝一团如蜘蛛，腹内物多剖弃之。其丝至夜如萤光，暗室透明。此鱼在水，腹下如有灯也。”因为予图述。按：此鱼有翅而小，不与尾齐，且不赤。“文鳐”另是一种。《字汇·鱼部》有“鱴”字及“鮵”字，皆指是鱼也。

[1] 鹅毛艇：《北户录》《本草纲目》《天中记》《通雅》等书均作“鹅毛脡（tǐng）”，《太平寰宇记》《明一统志》作“鹅毛鮵（tíng）”，然《海错图》作者认为此鱼能飞入“艇”中，鱼多可以溺“艇”，故认定其名为“鹅毛艇”，当非笔误。[2] 恨：遗憾。[3] 岐：同“歧”，分叉。

## | 译文 |

《汇苑》记载：东海曾经出产一种鹅毛鱼，这种鱼能飞。渔夫不设网，用长度仅六七尺的独木小艇，艇外用蛎粉涂白，天黑后就乘着这小艇，在竹竿上挂起一盏灯，停泊在海岸边。鹅毛鱼见到灯光，都飞到小艇中。鱼聚集得多了则要赶快熄灯，否则恐怕会把小艇坠沉，所以这种鱼又名“鹅毛艇”。我对此非常好奇，但因没能见到这种鱼而深感遗憾。等到我客居福建时向渔夫询问，渔夫说：“我们在海港捕捉水白鱼也是用这种方法，但捉的不是鹅毛鱼。”后来，来自漳南的陈潘舍说：“这种鱼在我的家乡也被称为‘飞鱼’，它的捕取方法正和前面说的方法一样。这种鱼体形长而窄，有细鳞，背部青色，腹部白色。两胸鳍上方又生有双翅，长两寸左右。它的尾巴分双叉，也是修长的，以助飞翔之势。每年三四月才开始出现，可以食用。这种鱼的肚子里有一团像蜘蛛丝一样的白丝，处理时，肚子里的东西多丢弃。它的丝到晚上像荧光，在暗室里能透出光亮。这种鱼在水中游弋时，腹部下好像有灯。”于是给我画图描述。按：这种鱼有翅膀，但很小，不与尾巴相齐，而且不是红色的。翅膀与尾巴相齐且翅为红色的文鳐是另外一种鱼。《字汇·鱼部》有“鵝”字及“艇”字，都是指这种鱼。

彙苑載東海嘗産鵜毛魚能飛漁人不施網用獨木小艇長僅六七尺艇外以蠣粉白之黑夜則秉艇張燈于竿停泊海岸魚見燈俱飛入艇魚多則急息燈否則恐溺艇也即名其魚爲鵜毛艇予奇之但以不見此魚爲恨及客閩訪之漁人曰予輩於海港取水白魚亦用此法然非鵜毛魚也後有漳南陳潘舍曰此魚吾鄉亦謂之飛魚其捕取正同前法其形長狹有細鱗背青腹白兩划水上復有二翅長可二寸許其尾雙岐亦修長以助飛勢三四月始有可食腹内有白絲一團如蜘蛛腹内物多剖棄之其絲至夜如螢光暗室透明此魚在水腹下如有燈也因爲予圖述按此魚有翅而小不與尾齊且不赤文鰩另是一種字彙魚部有鱵字及鯅字皆指是魚也

鵜毛魚贊

一盞漁燈海岸高撑
魚從羽化棄暗投明

是魚福寧稱為松魚魚類雖無此名然考本州誌書内實有松魚其色深青其形豐背平腹翅有硬刺上下有鬚而身無鱗如淡水中汪刺狀其肉細頭頂骨内有佛像一軀食者每剔出玩之考字書有魚曰鯆註音佛海魚今此魚頭中有佛疑即鯆魚鮨魨鰣魜意取鋸肶時化字彙載此不必全露則弗之為佛宜矣况又指海魚尤非江湖之魚所得混淆若是則因松魚識得鯆字

松魚賛

魚頭有覺佛所托足
濮上来遊同歸極樂

# 松　鱼

松鱼赞：鱼头有觉，佛所托足。濮上来游，同归极乐。

是鱼，福宁称为“松鱼”。鱼类虽无此名，然考本州志，书内实有“松鱼”。其色深青，其形丰背平腹，翅有硬刺，上下有须而身无鳞，如淡水中汪刺[1]状。其肉细，头顶骨内有佛像一躯，食者每剔出玩之。考字书，有鱼曰“鮄[2]”，注音“佛”，海鱼。今此鱼头中有佛，疑即鮄鱼。“鋸”“魨”“鲥”“魤”，意取“锯”“肫”“时”“化”。《字汇》载此，不必全露，则“弗”之为“佛”宜矣。况又指海鱼，尤非江湖之鱼所得混淆。若是，则因松鱼识得“鮄”字。

[1] 汪刺：又名黄颡（sāng）鱼。[2] 鮄：音fú。

## ｜译文｜

这种鱼，福建宁德称为“松鱼”。鱼类中虽然没有这个名字，但是查证本州的方志，书中确实有“松鱼”。松鱼颜色深青，其形状后背丰满、腹部扁平，翅上有硬刺，上下长有须子，而身上没有鳞，像淡水中的黄颡鱼。它的肉质细嫩，头顶骨中有一块像佛像的鱼骨，食客常剔出来赏玩。考查字书，有种鱼叫“鮄”，注音是“佛”，是一种海鱼。现在这种鱼头中有佛，可能就是鮄鱼。“鋸”“魨”“鲥”“魤”这几种鱼名，意思就是“锯”“肫”“时”“化”。《字汇》记载这些，不必把字形全写进字里，那么“弗”应该是“佛”啊。况且又是指海鱼，更不能像淡水所产的鱼那样混淆。如果是这样，那么我因为松鱼而认得了这个“鮄”字。

# 鲰 鱼

鲰鱼赞：鱄独鲮三，鳒鲽比目。惟白多聚，千百为族。

鲰[1]鱼，白鱼也，白质银光，水中善鲰[2]，故字书训为“白鱼”。闽海一种小白鱼，长不过二三寸，而光烂夺目，在水则鲰。藏之庖厨，暗室生光，即涤鱼余沥入地，至夜亦萤萤如星。《异鱼图赞》云：“含光之鱼，临海郡育。煎炸已干，耀庭如烛。”[3]即此类也。

[1] 鲰：音zòu。[2] 水中善鲰：与下文的“在水则鲰”都表意不明，疑此两句当为“水中善聚”“在水则聚”。译文从“聚”。[3]《异鱼图赞》原文为：“含光之鱼，临海郡育。南人脔炙，虽美而毒。煎爆（bó）已干，耀夜如烛。”

**｜译文｜**

鲰鱼，是一种白鱼，质地洁白，闪着银光，在水中聚集生活，所以字书称它为“白鱼”。它是福建海域中的一种小白鱼，长不过二三寸，但光华灿烂夺目，在水中就聚集。把它收到厨房中，在暗室里也能够发光，即便洗完鱼的水洒在地上，到了晚上也会荧荧闪光，像星星一样。《异鱼图赞》里说：“一种含光的鱼，在临海的州郡出产。即便煎炸成了鱼干，仍如同蜡烛一般照亮厅堂。”说的就是这种鱼。

鱀魚白魚也白質銀光水中善鱀故字書訓爲白魚閩海一種小白魚長不過二三寸而光爛奪目在水則鱀藏之庖厨暗室生光即滌魚餘瀝入地至夜亦螢螢如星異魚圖賛云含光之魚臨海郡育煎煠已乾耀庭如燭即此類也

鱀魚賛

鱄獨鯜三鰜鰈比目
惟白多聚千百爲族

# 印　鱼

印鱼赞：龙宫印章，亦重方面。篆文奚为？河清海宴。

康熙三十五年[1]，台湾上番[2]，鬻[3]印鱼于市甚多，兵民买而食之，云此鱼来自红毛海[4]中。有时至，则列于肆者皆是；如不至，虽三五岁，一鱼不可得。大约年谷丰登则盛。福宁、台湾更戍[5]，卢某还州，图其形并述大概，曰："此鱼身绿色而无鳞，背黑绿色，作斑点，如马鲛状。背上有方印一颗，正赤色。口有齿四，下颔超于上，背有旂[6]，划水黄色，尾虽两岐，圆而不尖。产处其鱼虽千百，皆赤方印，无异状。"有鲰生[7]见予图而笑之，曰："老兵之言，其可信哉？海中之鱼，焉得有印？不虞[8]其伪乎？"曰："予目中无印鱼，胸中有印鱼久矣。今得其图，甚合吾意。"鲰生终不释[9]，曰："何所据耶？请示其实。"予曰："凡鱼类，有名目者，大约多载之典籍。向[10]考《篇海》《字汇》，实有'䲟鱼'，音'印'，鱼名，身上有印，则'印鱼'之名从来久矣，但未注明。今得此鱼，可补字书《篇海》之未备。"

[1] 康熙三十五年：公元1696年。[2] 上番：军队轮替执勤。[3] 鬻（yù）：卖。[4] 红毛海：爪哇岛附近海域。《癸巳类稿·澳门纪略跋》："噶罗巴（注：今爪哇岛）乃红毛泊船之所。"红毛，旧指荷兰人，后亦泛指西洋或西洋人，因其头发为红色（一说因其军服帽子上有一束红缨），故称。[5] 更戍：部队换防。[6] 旂（qí）：本指古代一种旗帜，这里指像旗一样的背鳍。[7] 鲰（zōu）生：古代骂人之词，意为小人，也指见识浅薄愚妄的人。[8] 不虞：没料到。[9] 不释：不肯放下，指对某件事或某个问题放不下，穷追不舍。[10] 向：从前。

## | 译文 |

康熙三十五年，恰逢军队前往台湾轮替执勤，岛内市场上卖印鱼的非常多，士兵和百姓纷纷买来食用，据说这种鱼来自红毛海。当鱼汛到来时，则鱼肆里到处都有；如果鱼汛不来，即使三五年也捕不到一条。大约年谷丰登时这种鱼就多。福建和台湾两地军队换防，卢某回到福州，画出了它的图形并描述了大概情形，说："这种鱼身体是绿色的，没有鳞，背部是黑绿色的，有斑点，像马鲛鱼的样子。后背上有一颗方印，正红色。嘴里有四颗牙，下颌较上颌突出，背有鱼鳍，胸鳍和腹鳍是黄色的，尾巴虽分两叉，但圆而不尖。在产地，这种鱼虽然成百上千，但都有红色方印，没有例外。"有个见识浅薄的人看见我的图就笑了，说："老兵的话，怎么能当真呢？海里的鱼，哪能有印章？没想过它是假的吗？"我回答说："我虽然没亲眼见过印鱼，但心中有印鱼很久了。现在得到这张图，正合我意。"那个浅陋之人穷追不舍，说："有什么证据吗？请出示。"我说："凡是鱼类，有名目的，大多记载在典籍里。我以前考证《篇海》《字汇》，确实有'鮣鱼'，'鮣'读'印'，鱼名，身上有印，可见'印鱼'的名字已经产生很久了，只是没有注明。现在得到这种鱼，可以补充《篇海》等字书的不完备之处。"

無異狀有鮣生見予圖而笑之曰老兵之言其可信哉海中之魚焉得有印不虞其僞乎曰予目中無印魚胸中有印魚久矣今得其圖甚合吾意鮣生終不釋曰何所據耶請示其實予曰凡魚類有名目者大約多載之典籍偶考篇海字彙實有鮣魚音印魚名身上有印則印魚之名從來久矣但未註明今得此魚可補字書篇海之未備

康熙三十五年臺灣上番鬻印魚於市甚多兵民買而食之云此魚來自紅毛海中有時至則列於肆者皆是如不至雖三五歲一魚不可得大約年穀豐登則盛福寧臺灣更戍盧某還州圖其形并述大槩曰此魚身綠色而無鱗背黑綠色作斑點如馬鮫狀背上有方印一顆正赤色口有齒四下頷超於上背有旂划水黄色尾雖兩岐圓而不尖産處其魚雖千百皆赤方印

印魚贊

龍宮印章
亦重方面
篆文奚為
河清海宴

夾甲魚其形甚異兩板上小下大如龜殼狀其紋亦如龜紋中間又凹而藏身於內而殼仍連之兩目生於其前左右有翅後有一尾背末亦有小翅皆從殼中透出口在腹板之前而有細齒小者長不及寸雜於魚蝦之中大者僅如拳而止不堪食亦化生之異物耳其狀甚難圖今分作四面看法合而意會之可以得此魚之全形矣以其如龜故亦名龜魚海中怪狀之魚甚有故字彙魚部有鮭字此魚亦鮭之一也

夾甲魚贊

魚裹龜甲鱗而又介
巧繪難描水族之怪

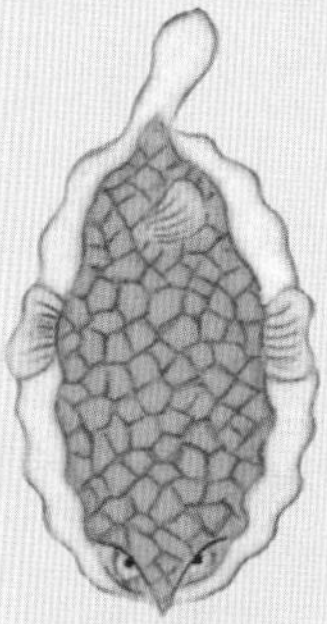

背面

前面

側面

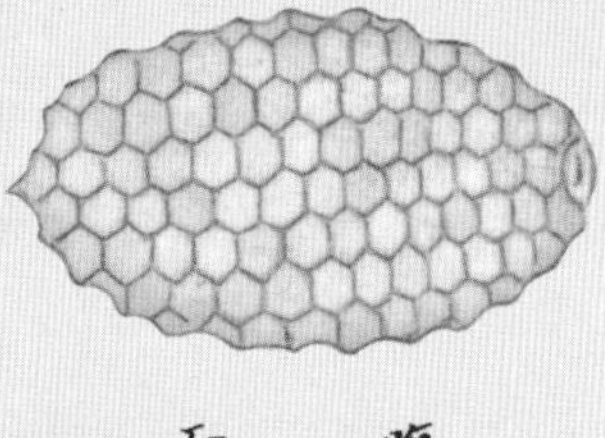

腹面

# 夹甲鱼

夹甲鱼赞：鱼裹龟甲，鳞而又介。巧绘难描，水族之怪。

夹甲鱼，其形甚异：两板上小下大，如龟壳状。其纹亦如龟纹，中间又凹而藏身于内，而壳仍连之。两目生于其前，左右有翅，后有一尾，背末亦有小翅，皆从壳中透出。口在腹板之前而有细齿。小者长不及寸，杂于鱼虾之中；大者仅如拳而止。不堪食，亦化生之异物耳。其状甚难图，今分作四面看，法合而意会之，可以得此鱼之全形矣。以其如龟，故亦名“龟虫”。海中怪状之鱼甚有，故《字汇·鱼部》有“鲑[1]”字。此鱼亦鲑之一也。

[1] 鲑：音guài。

## | 译文 |

夹甲鱼，它的外形非常怪异：两板块甲壳上小下大，像龟壳的形状。它的纹理也像龟甲的纹理，中间凹陷好像鱼能藏身其中似的，而壳仍然是连接着的。两只眼睛长在前面，左右有翅，后面有一条尾巴，后背末尾处也有小翅，都是从壳中伸出来的。嘴在腹板的前面，内有细小的牙齿。小的夹甲鱼长不足一寸，杂在鱼虾之中；大的仅像拳头那么大就不长了。这种鱼不能吃，应是物种变化产生的怪异品种。它的样子很难画出来，现在分作四面展示，把它们合在一起想象，就能知道这种鱼的完整形状了。因为它像龟，所以也叫“龟虫”。海中奇形怪状的鱼有很多，所以《字汇·鱼部》里有“鲑”字。这种鱼也是鲑的一种。

# 环　鱼

环鱼赞：海鱼衣绯，何以伛偻？密迩龙王，敢不低头？

康熙二十五年[1]七月，平湖县点一和尚同李闻思过海盐天宁寺，见一湾[2]鱼，墨红色，其尾与划水皆黑。云自海随潮进，顺龙江潮退，厄[3]于碕[4]岸不能出。渔人捕之，约重二千斤。抬至岸，其体曲而不直。老人云："此环鱼也。"海盐城中观者如堵，尽脔[5]其肉为油。

考《博物》等书，虽无"环鱼"，而《字汇》有"鱞[6]鱼"，云与"鳏[7]"同。若此，则是鱼即鳏鱼也。鳏鱼虽有名而无有明言其状者。今据其形而思其义，鳏独之状显然。水族虽繁，谁与结同心哉？"有鳏在下"始于《虞书》[8]，其字最古。沿及周世，"惠鲜鳏寡，怀保小民"[9]。鳏之为鳏，典籍昭然。夫凤管[10]、牺尊[11]、饕餮[12]、梼杌[13]，古人取象，后世考核，必实有一物，且有深意存于其间。鳏鱼肖[14]象穷独，宁独托之空言乎？由字义以按鱼形，吾愿天下博物君子共为推论，何如？又考《惠州志》，有"鱞鱼"，云大如指，长八寸，脊骨美滑，宜羹，未识其状亦鳏否也。存附于此，以俟高明。

又按："鳏鱼"非虚名也，必实一种鱼名。鳏者，《诗》云："其鱼鲂鳏。"[15]鲂与鳏，两种也。又，《孔丛子》曰："卫人钓于河，得鳏鱼，其大盈车。"则鳏鱼亦有甚大者。今"鱞"与"鳏"同，可想见矣。

[1] 康熙二十五年：公元1686年。[2] 湾：停泊。[3] 厄（è）：受困。[4] 碕（qí）：同“埼”，曲折的堤岸。[5] 脔（luán）：切肉。[6] 鳏：音guān。[7] 鳏（guān）：本指一种大鱼，后引申为无妻或丧妻者。[8]《虞书》：《尚书》组成部分之一。“有鳏在下”一句出自其中的《尧典》。[9]“惠鲜鳏寡，怀保小民”：出自《尚书·周书·无逸》，原文为“怀保小民，惠鲜鳏寡”。[10] 凤管：笙箫（或笙箫之乐）的美称。[11] 牺尊：亦作“牺樽”“牺罇”，古代酒器。《诗经·鲁颂·閟（bì）宫》：“白牡骍（xīng）刚，牺尊将将。”这种酒器呈牺牛（古代祭祀用的纯色牛）形，背上开孔以盛酒，今有实物藏于上海博物馆。[12] 饕餮：古代神话传说中一种贪吃的怪兽，与混沌、梼杌（táo wù）、穷奇并称为“四凶”。[13] 梼杌：古代神话中的凶兽，“四凶”之一。[14] 肖（xiào）：相似。[15]“其鱼鲂鳏”：语出《诗经·齐风·敝笱（gǒu）》。

## | 译文 |

康熙二十五年七月，平湖县的点一和尚和李闻思经过海盐的天宁寺，见到一条搁浅的鱼，这条鱼为墨红色，它的尾巴和胸鳍、腹鳍都是黑色的。据说是从大海里随着涨潮而进，顺着龙江潮退，困在曲折的岸边不能出来。渔民捕获了它，大约重两千斤。抬到岸边，它的身体弯曲而不能伸直。老人说：“这是环鱼啊。”海盐城中来观看此鱼者人山人海，最终大家把这条鱼全部切肉熬油了。

查证《博物》等书，虽然没有“环鱼”，但《字汇》里有“鳏鱼”，《字汇》里说“鳏”与“鳏”同。如果这样的话，那么这种鱼就是鳏鱼了。鳏鱼虽有名字，但没有人能说清楚它的样子。现在根据它的样子思考其名字的含义，果不其然，是一种孤独的鱼。水族虽然种类繁多，谁能与它结同心呢？“有鳏在下”的说法始见于《尚书·虞书》，它的文字最古老。等到了周朝的时候，《尚书·周书·无逸》又有“怀保小民，惠鲜鳏寡”的句子。“鳏”之所以为“鳏”，典籍记载得明明白白。凤管、牺尊、饕餮、梼杌等物都是古人根据某些动物之状加工而成，后人考证，一定确实有其物与之对应，而且有深意存于其中。鳏鱼象征穷困孤独，难道单单是付诸空洞的名称吗？由字义来考察鱼形，我愿与天下的博物研究者一起来考证，大家以为如何？又查证《惠州志》，里面有“鳏鱼”，说它大如手指，长八寸，脊骨美滑，适合做鱼羹，不知道它是否也是鳏鱼的样子。暂且记录下来附在这里，以等待高明的人来回答。

又按：“鳏鱼”不是虚构的名字，实际一定有这样一种鱼。鳏，《诗经》里说：“其鱼鲂鳏。”鲂与鳏，是两种鱼。又，《孔丛子》里说：“卫国人在河边钓鱼，钓到鳏鱼，大到能装满一辆车。”这么说来鳏鱼也有非常大的。现在“鳗”与“鳏”相同，可想而知了。

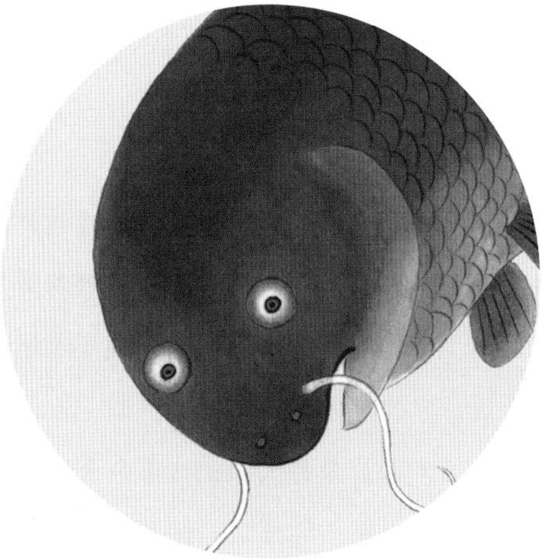

康熙二十五年七月平湖縣黠
一和尚同李閶思過海塩天寧
寺見一灣魚墨紅色其尾與划
水皆黑云自海隨潮進順龍江
潮退阨於碕岸不能出漁人捕
之約重二千觔擡至岸其體曲
而不直老人云此環魚也海塩
城中觀者如堵盡鬻其肉爲油
考博物等書雖無環魚而字彙
有鱞魚云與鰥同若此則是魚
即鰥魚也鰥魚雖有名而無有
明言其狀者今據其形而思其
義鰥獨之狀顯然水族雖繁誰
與結同心哉有鰥在下始於虞
書其字最古沿及周世惠鮮鰥
寡懷保小民鰥之爲鰥典籍昭
然夫鳳管犧尊饕餮檮杌古人
取象後世考核必寔有一物且
有深意存於其間鰥魚肖象窮
獨寧獨托之空言乎由字義以
按魚形吾願天下博物君子共
爲推論何如又考惠州志有鱞
魚云大如指長八寸脊背美滑
宜羨未識其狀亦鰥否也存附
於此以俟高明

又按鰥魚非虛名也必寔一種魚名鰥者詩云其魚魴鰥
魴與鰥兩種也又孔叢子曰衛人釣于河得鰥魚其大盈
車則鰥魚亦有甚大者今鱞與鰥同可想見矣

環魚贊
海魚衣緋
何以傴僂
宻邇龍王
敢不低頭

福寧海上有頂甲魚一方骨深陷頭上中有楞列刺活時翻拋石上其頂緊吸雖兩三人不能拔起土人亦稱為印魚漳郡陳潘舍曰此魚潛於海底攢泥中吸石上人不能捕待潮起浮出覓食始可網之

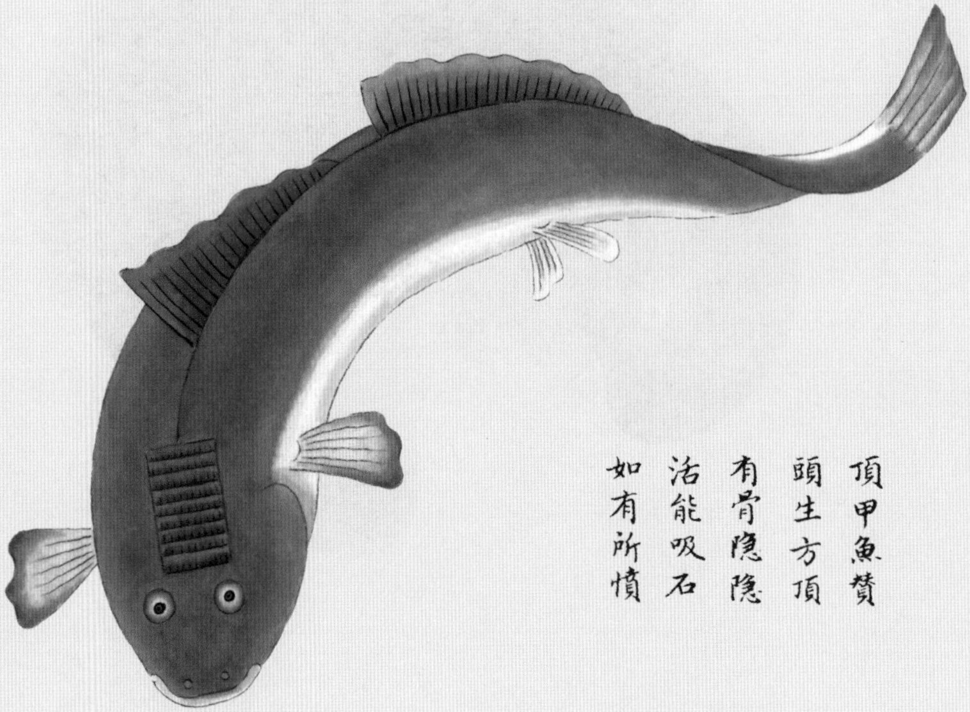

頂甲魚贊

頭生方頂
有骨隱隱
活能吸石
如有所憤

# 顶甲鱼

顶甲鱼赞：头生方顶，有骨隐隐。活能吸石，如有所愤。

福宁海上有顶甲鱼，一方骨深陷头上，中有楞列刺。活时翻抛石上，其顶紧吸，虽两三人不能拔起。土人亦称为“印鱼”。漳郡陈潘舍曰：“此鱼潜于海底，攒[1]泥中，吸石上，人不能捕。待潮起，浮出觅食，始可网之。”

[1] 攒（zuān）：通“钻（zuān）”。穿孔，进入。

| 译文 |

福建宁德海域出产顶甲鱼，其头顶上深陷着一块方形骨头，骨内有棱，棱间排列着骨刺。这种鱼如果翻跃到石头上，它的头部能紧紧吸住石头，即使两三个人也不能把它拔起来。当地人也称它为“印鱼”。漳郡的陈潘舍说：“这种鱼潜藏在海底，钻入泥中，吸附在石头上，人们难以捕获。只有等到潮水涨起来，它浮出觅食，才能用网捞捕到。”

# 草蜢鱼

草蜢鱼赞：蝗虫化虾，芸编旧据。蚱蜢变鱼，蘋踪新遇。

康熙二十八年[1]七月，福宁州海上渔人得草蜢鱼。其形头尖，腹红，背绿而有刺，绝似蚱蜢。海人云，即蜢所化。李某图述，予存之。及康熙丁丑[2]，有人于竹江海边捕得海蜢，长五六寸，足翅横撑，比雀犹大。予因悟草蜢鱼果有由来也，图之以伸[3]吾变化之说。《搜神序》[4]曰："春分之日，鹰变为鸠；秋分之日，鸠变为鹰：时之化也。"鹤之为獐也，蛇之为鳖也，蚕之为虾也，不失其血气而形性变也。应变而动，是谓顺常；苟错其方，则为妖眚[5]。顺常者，如雉为蜃、雀为蛤[6]之类是也；妖眚者，如牝鸡鸣[7]、马生角[8]之类是也。今蚱蜢变鱼，如蚊虫化水虫，水虫化蚊虫，亦顺常之事，不为妖异，第[9]人不及见，以为奇耳。海中变化之鱼不一。《字汇·鱼部》有"魤[10]"字，草蜢亦魤中之一也。

---

[1] 康熙二十八年：公元1689年。[2] 康熙丁丑：康熙三十六年，公元1697年。[3] 伸：陈述，引申。[4]《搜神序》：应指《搜神记》。以下文字见于《搜神记》第十二卷。[5] 妖眚（shěng）：指灾异或妖异之气，古人常喻指黑暗腐朽的统治。[6] 蛤：音gé。[7] 牝鸡鸣：古人认为母鸡打鸣不祥，将之视为后宫干政的预兆。[8] 马生角：古人用马头上长角来比喻虚妄的、不可能发生的事情或不祥之兆。典出《燕丹子》："秦王不听，谬言曰令乌头白、马生角，乃可许耳。"《搜神记》里也将"汉文帝十二年吴地有马生角""晋武帝太熙元年辽东有马生角"视为兵祸的预兆。[9] 第：但是。[10] 魤（huà）：同"魤"。

## | 译文 |

康熙二十八年七月，福宁州海上渔夫捕得草蜢鱼。它头尖，腹部呈红色，背部绿色而有刺，非常像蚱蜢。生活在海边的人说其是蚱蜢变化而来的。李某画图予以详细描述，我悉心将其保存好。等到康熙三十六年，有人在竹江海边捕得海蜢鱼，长五六寸，足上有翅横着张开，比麻雀还要大些。这事让我幡然醒悟，草蜢鱼果然有由来，就画下来以阐述我的关于化生的理论。《搜神记》里说："春分这天，鹰变成了鸠；秋分这天，鸠变成了鹰：这是因时令而产生的变化。"鹤变成了獐，蛇变成了鳖，蚕变成了虾，血气没有失去，但外形和特性变了。顺应规律而变化，这叫"顺常"；假如方式错了，就是妖眚。顺常，比如雉变成蜃、雀变成蛤之类；妖眚，比如母鸡打鸣、马长角之类。现在蚱蜢变成鱼，就像蚊虫变成水虫，水虫变成蚊虫，也是顺常之事，不算妖异。但是人们没能见到，就以为是稀奇的事儿。海中变化的鱼不止一种。《字汇·鱼部》有"魤"字，草蜢鱼也是魤中之一。

康熙二十八年七月福寧州海上漁人得草蜢魚其形頭尖腹紅背綠而有刺絕似蚱蜢海人云即蜢所化李某圖述予存之及康熙丁丑有人於竹江海邊捕得海蜢長五六寸足翅橫撐比雀猶大予因悟草蜢魚果有由來也圖之以伸吾變化之說搜神序曰春分之日鷹變為鳩秋分之日鳩變為鷹時之化也鶴之為獐也蛇之為鱉也蚕之為蝦也不失其血氣而形性變也應變而動是謂順常苟錯其方則為妖眚順常者如雉為蜃雀為蛤之類是也妖眚者如牝雞鳴馬生角之類是也今蚱蜢變魚如蚊虫化水虫水虫化蚊虫亦順常之事不為妖異第人不及見以為奇耳海中變化之魚不一字彙魚部有魤字草蜢亦魤中之一也

草蜢魚贊

蝗虫化蝦　芸編舊據

蚱蜢變魚　嶺踪新遇

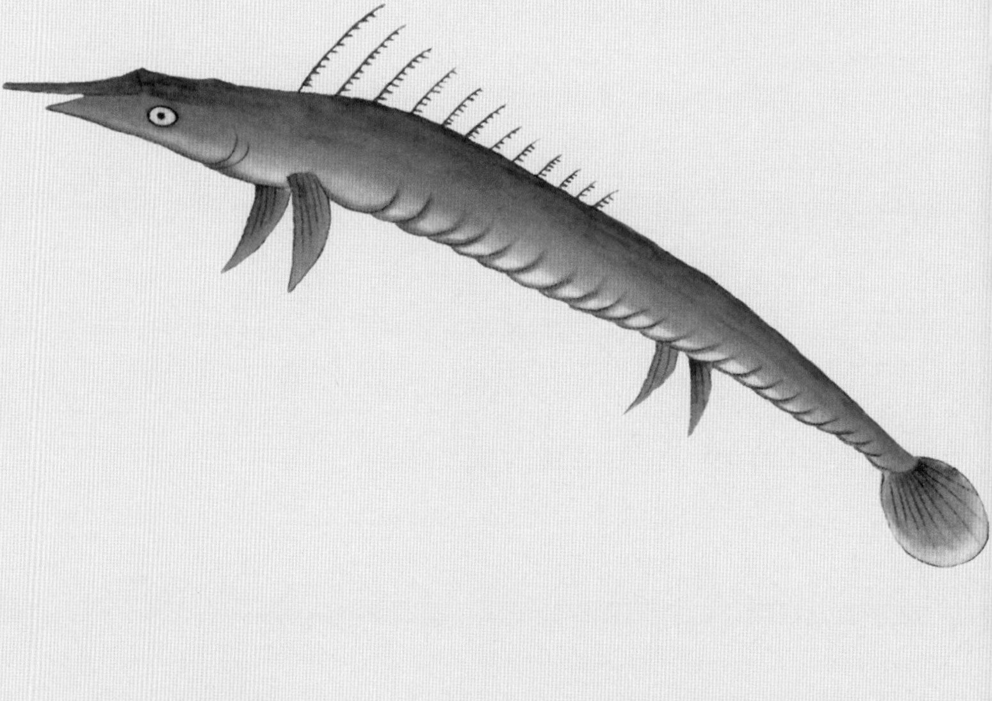

閩海有魚曰楓葉兩翅橫張而尾歧其色青紫斑駁閩志福漳二郡並載此魚彙苑亦載云海樹霜葉風飄波翻腐若螢化厥質為魚或疑楓葉敗皆化魚雖信不知世間變化之物多有無知而化為有知搜神序稱腐草之為螢朽葦之為蛬稻之為蛩麥之為蝶皆自無知化為有知而氣易也又列子朽瓜為魚段成式遂証瓜子化衣魚之說齊丘化書老楓化為羽人吳梅村綏寇紀載崇禎十年錢塘江木柹化為魚漁人網得首尾未全半柹半魚又聞雨水多則草子皆能為魚而人髮馬尾亦能成形為蛇蟮由是推之則大江楠木之為怪深山老松之為龍益不謬矣今楓葉變魚予更訪之漁人云秋深海上捕魚網中有時大半皆楓葉而楓葉魚雜其中且惟秋後方有則變化之跡及候兩皆不爽予是以神奇其物信而圖之而并採無知化有知之諸物雜見於典籍者以彙証云

楓葉魚贊

雙文送別　丹楓瀉淚
飄沉戀海　同儕魚水

# 枫叶鱼

枫叶鱼赞：双文送别，丹枫写泪。飘沉欲海，同偕鱼水。

闽海有鱼曰“枫叶”。两翅横张而尾岐，其色青紫斑驳。《闽志》福、漳二郡并载此鱼。《汇苑》亦载，云：海树霜叶，风飘波翻，腐若萤化，厥质为鱼。或疑枫叶败质化鱼难信，不知世间变化之物，多有无知而化为有知。《搜神序》称腐草之为萤，朽苇之为蚕，稻之为䖸，麦之为蝶[1]，皆自无知化为有知而气易也。又，《列子》：“朽瓜为鱼”，段成式[2]遂证瓜子化衣鱼之说。齐丘《化书》[3]：老枫化为羽人。吴梅村[4]《绥寇纪》[5]载：崇祯十年，钱塘江木梯[6]化为鱼，渔人网得，首尾未全，半梯半鱼。又闻雨水多则草子皆能为鱼，而人发马尾亦能成形为蛇蟮[7]。由是推之，则大江楠木之为怪[8]，深山老松之为龙[9]，益不谬矣。今枫叶变鱼，予更访之。渔人云：秋深海上捕鱼，网中有时大半皆枫叶，而枫叶鱼杂其中，且惟秋后方有。则变化之迹及候，两皆不爽。予是以神奇其物，信而图之，而并采无知化有知之诸物杂见于典籍者，以汇证云[10]。

---

[1] 此段文字出自《搜神记》第十二卷，原文为：“腐草之为萤也，朽苇之为蚕也，稻之为䖸（jiā）也，麦之为蝴蝶也。”䖸：米中小黑甲虫。[2] 段成式（803？—863）：字柯古。晚唐著名志怪小说家，著有《酉阳杂俎》。[3] 齐丘《化书》：为五代谭峭撰写。传说书成后，作者谭峭曾向南唐大臣宋齐丘求序，被宋齐丘窃为己作，故又名《齐丘子》。后人予以甄别，改题为《谭峭化书》。下文“老枫化为羽人”的说法出自《化书》第一卷。[4] 吴梅村：即吴伟业（1609—1672），字骏公，号梅村。明末清

初诗人。与钱谦益、龚鼎孳并称“江左三大家”。著有《梅村集》《梅村家藏稿》《绥寇纪略》《春秋地理志》等。[5]《绥寇纪》：即吴伟业所撰的《绥寇纪略》。此书原名《鹿樵纪闻》，主要记述崇祯元年陕北各股义军初起至明亡之事，全书采用纪事本末体。下文“木栋化为鱼”的说法出自《绥寇纪略》第十二卷。[6] 木栋（fèi）：砍削下来的碎木片、木皮，又作“木柿（fèi）”。按：“栋”字亦读shì，同“柿”，然有“木柿”一词而无“木柿”一词，故此处读fèi。[7] 蟮：同“鳝”。鳝鱼，通常指黄鳝。[8] 明代钱希言《狯园》第十二卷有“楠木神”条：“相传是估客因风散簰，失此一木无获，岁月浸久，便成精怪。”[9] 老松化龙的传说是古代人常用之典，如元代僧人明本《松月》诗中即有“月抱明珠松化龙”之句。[10] 此处的“云”为语气助词。

## | 译文 |

福建海域有种鱼叫枫叶鱼。两翅横着张开而尾巴分叉，它的颜色青紫斑驳。《闽志》里福州、漳州两地的条目中都记载了这种鱼。《汇苑》中也记载：海边树上经过霜打的叶子，被风吹落，在波涛间翻滚飘荡，就像腐败的草化成萤火虫一样，它的形体变成了鱼。有人怀疑枫叶败质变成鱼难以置信，却不知世间变化的东西，多有无知觉物体变成有知觉动物的例子。《搜神记》称腐草变成萤火虫，腐朽的芦苇变成蚕，稻子变成米中的小黑虫，麦子变成蝴蝶，都是从无知觉物体变成有知觉动物，血气也产生了变化。又比如，《列子》里有“朽瓜为鱼”的记载，段成式于是考证了瓜子化衣鱼的说法。宋齐丘《化书》里有老枫树化为羽人的说法。吴梅村的《绥寇纪略》记载：崇祯十年，钱塘江里木片变成了鱼，渔夫用网捕到，首尾不全，一半是木片一半是鱼。又听说雨水多则草籽都能变成鱼，而人的头发和马的尾巴也能变成蛇和鳝鱼。由此推之，则大江里的楠木变成妖怪，深山里的老松树变成龙，就更不会错了。现有枫叶变成鱼的说法，我进一步探寻真相。渔夫说：深秋时节在海上捕鱼，网中有时候一大半都是枫叶，而枫叶鱼夹杂在其中，而且这种情况只有秋后才有。这说明变化的迹象及时令，两者都没有差错。我大感神奇，深信并画了下来，又收集了散见于典籍的无知觉物体化为有知觉动物的例子，一并列在此处以为佐证。

鱶再查鱶字則音鴆鮮曰海魚似
蝦義理雖深而世俗通用之鯗字
反諱矣予故備舉而辨之

本草謂石首乾鯗主消宿食開胃頭中
石主下石淋磨服燒灰両可又謂野鳧
頭中有石指爲石首魚所化愚按食品
多重臘月之物以其性斂便于收藏獨
石首春仲而來其性發散而乾鯗反有
取于消食開胃妙用正在乎此知此則
知陳久之益貴也但所産之方未必重
而所重常在不産之處凡物類然頭中
石至堅也反能下石淋者何哉不知石
質雖堅而石性仍主消散或謂曷不竟
用其鯗豈不可下而必用頭中之石乎
曰此以石攻石之妙如伏苓之木可治
筋 茘枝之核可消疝腫類皆彷彿近
之至所論野鳧頭中有石即謂石首所
化不知翁魚鯊魚頭中皆有小石恐不
能盡化野鳧也

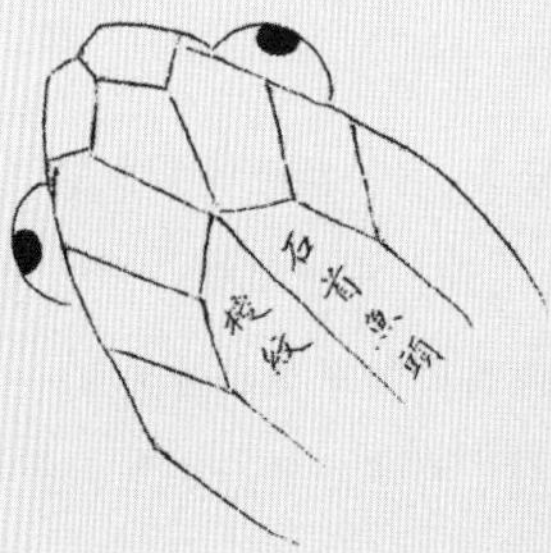

石首魚字彙一名鯼考註不觧
何以爲鯼及唉是魚玩其頭骨
如氷裂紋作棱紋交差狀因悟
古人取字之意非泛然也

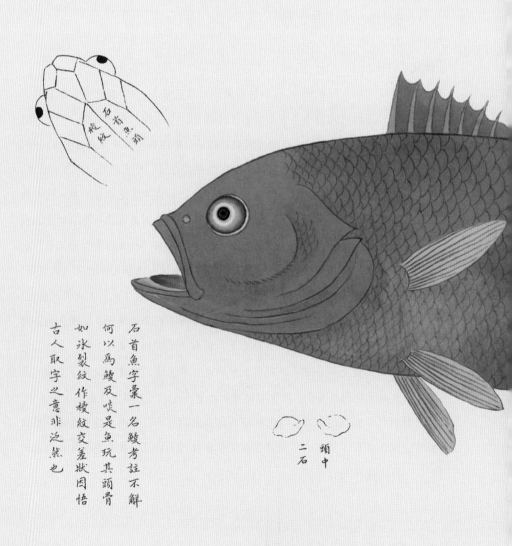

石首魚一名春來以其來自春也又名鯼魚爾雅翼曰鯼即石首合春來之意則江賦所謂鯼魚順時而往還是也予嘗詢漁人以往來之故曰此魚多聚南海深水中水深二三十丈石首將放子無所依托是以春時必遊入內海傍岩岸淺處育之漁人俟其候捕取大約放子喜海濱有山泉處故閩之官井洋浙之楚門松門等處多聚焉每歲交春發自海南而粵而閩至浙之温台寧紹蘇松則漸少矣交夏水熱則仍引退深洋故浙海漁户有夏至魚頭散之說然閩粵則四季皆有也

石首魚以其首有石也吾杭俗謂之江魚以其取于江也越人稱為黄魚閩人呼為黄瓜魚爾雅翼曰南人以為鯗凡海魚皆可為鯗而石首得專鯗名者他魚之鯗久則不美且或宜于此而不宜于彼惟石首之鯗到處珍重愈久愈妙故得專鯗名字彙鯗字註曰音想乾魚腊失鮮南人以為鯗之說至於世俗別有鯗字字彙宜註曰俗同

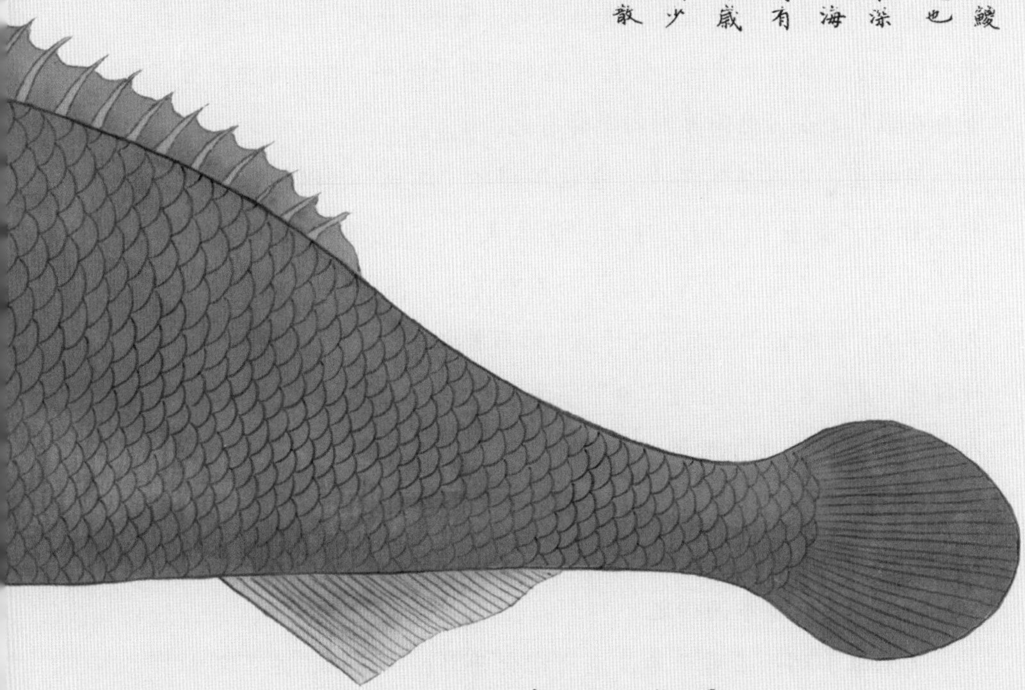

石首魚贊
海魚石首
流傳不朽
馳名中原
到處皆有

# 石首鱼

石首鱼赞：海鱼石首，流传不朽。驰名中原，到处皆有。

石首鱼，一名“春来”，以其来自春也。又名“鯼鱼”。《尔雅翼》曰：鯼即石首。合春来之意，则《江赋》所谓“鯼鱼顺时而往还[1]”是也。予尝询渔人以往来之故，曰：“此鱼多聚南海深水中，水深二三十丈。石首将放子，无所依托，是以春时必游入内海，傍岩岸浅处育之。渔人俟其候捕取。”大约放子喜海滨有山泉处，故闽之官井洋，浙之楚门、松门等处多聚焉。每岁交春，发自海南，而粤、而闽，至浙之温、台、宁、绍、苏、松则渐少矣，交夏水热则仍引退深洋，故浙海渔户有“夏至鱼头散”之说。然闽粤则四季皆有也。

石首鱼，以其首有石也。吾杭俗谓之“江鱼”，以其取于江也。越人称为“黄鱼”。闽人呼为“黄瓜鱼”。《尔雅翼》曰：“南人名为鲞[2]。”凡海鱼皆可为鲞，而石首得专“鲞”名者，他鱼之鲞，久则不美，且或宜于此而不宜于彼。惟石首之鲞，到处珍重，愈久愈妙，故得专“鲞”名。《字汇》“鲞”字注曰：“音想，干鱼腊。”失解“南人名为鲞”之说。至于世俗，别有“鲞”字。《字汇》宜注曰“俗同‘鲞’”，但注曰“同䲛”。及查“䲛[3]”，则又曰“同‘鱶[4]’”。再查“鱶”字，则音“鸠”，解曰：“海虫，似虾。”义理虽深，而世俗通用之“鲞”字反讳矣。予故备举而辨之。

《本草》谓：石首干鲞，主消宿食开胃；头中石，主下石淋[5]，磨服、烧灰两可。又谓：野凫头中有石，指为石首鱼所化。愚按：食品多重腊月之物，以其性敛，便于收藏，独石首春仲而来，其性发散，而干鮝反有取于消食开胃妙用，正在乎此。知此则知陈久之益贵也。但所产之方未必重，而所重常在不产之处，凡物类然。头中石至坚也，反能下石淋者，何哉？不知石质虽坚，而石性仍主消散。或谓：曷不竟用其鮝，岂不可下而必用头中之石乎？曰：此以石攻石之妙，如伏苓[6]之木可治筋，荔枝之核可消疝肿类，皆仿佛近之。至所论野凫头中有石，即谓石首所化，不知箬鱼、鲎鱼头中皆有小石，恐不能尽化野凫也。

石首鱼，《字汇》："一名'鯼'。"考注不解何以为"鯼"。及啖是鱼，玩其头骨，如冰裂纹，作棕[7]纹交差状，因悟古人取字之意非泛然[8]也。

[1] 此句《江赋》原文应为："鯼鮆顺时而往还"。[2] 鮝（xiǎng）：同"鲞（xiǎng）"，本义为剖开之后晾干的鱼，后泛指成片的腌腊食品，如《红楼梦》里描写的"茄鲞"。这段文字中使用了"鮝"和"鲞"这两个异体字，强调了它们在古代文字中的区别，为尊重原作者的观念，原文未作改动，译文则统一写作"鲞"。"南人名为鲞"，《海错图》误作"南人以为鲞"，据《尔雅翼》第二十九卷改。[3] 螣：音téng。[4] 縢：音téng。[5] 石淋：病名。小便涩痛，尿出砂石。"下石淋"意为治这种病。[6] 伏苓：即茯苓，一种菌类植物。[7] 棕：棕榈，一种常绿乔木，茎直立不分枝，叶大，木材可制器具，通称"棕树"。[8] 泛然：随便，漫不经心的样子。

## | 译文 |

石首鱼，也叫"春来"，是因为它随着春潮到来。又名"鯼鱼"。《尔雅翼》里说：鯼鱼就是石首鱼。符合"春来"之意的，就是《江赋》所说的"鯼鱼顺时而往还"。我曾经询问渔民石首鱼往来的原因，渔民说："这种鱼多聚集在南海的深水中，水深二三十丈。石首鱼将要产卵的时候无所依托，因此春天时必须游入内海，依傍岩岸水浅的地方繁育后代。渔民等到石首鱼产卵的时节便可捕捞它。"概因石首鱼喜欢在海滨有山泉的地方产卵，所以福建的官井洋，浙江的楚门、松门等处多有石首鱼聚集。每年开春，鱼汛自海南形成，经过广东、福建，辗转到浙江的温州、台州、宁波、绍兴、苏州、松江等地就渐渐少了。一到夏天水温变热，石首鱼就仍然退回深海，所以浙江渔民有“夏至鱼头散”的说法。可是福建和广东则四季都有这种鱼。

石首鱼之所以叫这个名字，是因为它脑袋里有石头而得名。我们杭州俗称它为“江鱼”，因它捕自江中的缘故。浙江东部的人称它为“黄鱼”，福建人称它为“黄瓜鱼”。《尔雅翼》里说：“南方人把它叫作鲞。”凡是海鱼都能做成鲞，为何石首鱼的鱼干专有“鲞”这样的名字？别的鱼制成的鱼干，时间长了味道就不好了，或者风行这个地区却不风行别的地区，只有石首鱼的鱼干到处都受欢迎重视，而且存放越久味道越好，所以专享“鲞”这个名字。《字汇》里“鲞”字的注释说：“读‘想’，是腌鱼干的意思。”但没有解释“南方人把它叫作‘鲞’”的说法。至于世俗中，另外有“鲞”这个字。《字汇》应当注成“俗同‘鲞’”，却注成“同‘鱶’”。等到查“鱶”字，则又说同“鱶”。再查“鱶”字，则说读“音为‘鸠’”，解释为：“海虫，像虾。”意思虽然申明了，但市井通用的“鲞”字反而隐讳了。我因此详细举例来辨析。

《本草》里说：石首鱼做的干鲞，能够消宿食、开胃；石首鱼头中的石头，主治小便涩痛，尿里带砂石，磨服、烧灰都可以。又说野鸭头中有石头，被认为是石首鱼所变。愚按：食材多取腊月所产的东西，因其性收敛，便于收藏。单单石首鱼是仲春时节方来，性发散，制成鱼干反而有消食开胃的妙用，原因正在这里。知道这点，就明白为什么它越陈久越珍贵了。物产在产地未必贵重，在不产这种东西的地方反而贵重，任何东西基本都是如此。石首鱼脑袋里的石头是极其坚硬的，反而能治疗小便涩痛、尿里带砂石，这是为什么呢？殊不知石头虽然坚硬，但石性仍主消散。有人会说：为什么不直接用鱼干，难道整条鱼不能治病吗？非得用它脑袋里的石头？答：这是以石攻石的妙处，就像茯苓之木可治筋、荔枝之核可消疝肿一样，因其相似，才会相克。至于人们所谈论的野鸭脑袋里有石头，也就是说关于野鸭是石首鱼所变的说法，难道他们不知箬鱼、鯗鱼头中都有小石头？恐怕不能都变成野鸭吧。

石首鱼，《字汇》里说它“一名‘鯼’”，但考证它的注释，并没解释清楚什么是“鯼”。等到吃这种鱼的时候，把玩它的头骨，发现其上有冰裂纹，像棕木纹交叉的样子，我才领悟古人取名字之意并非是随性而为，而是自有其道理。

# 四腮鲈

四腮鲈赞：松江之鲈，名著遐方。但知腮四，谁信食霜？

康熙六年[1]，予客松江，得食四腮鲈，甚美。其鱼长不过八寸，哆口[2]圆头而细齿。身无鳞，背列白点至尾。腮四叠，赤色露外。此“四腮”之所得名也。其鱼止一脊骨，性精洁，以海塘石隙为穴。鸡鸣之后出穴，就石啖霜，故惟九月始有，不知何物所化。至正二月，则又变形而无其鱼矣。土人最珍，故谚云：“四腮鲈，除却松江别处无。”席间常与黄雀比美，亦谓之“假河豚”。云捕此鱼者，非网非钓，以一直竹，其末横穿一孔，又插小竹尖，不用饵。但立于海塘石上，垂长竹，而以横竹穿透石隙，有鱼必衔其竹，乃抽而出，得之甚易。按：今人因《赤壁赋》所云“巨口细鳞，状似松江之鲈[3]”，遂指松江斑鲈为四腮鲈，不知松江四腮鲈不但与天下之鲈异，并与松江之鲈亦异。赋内若据张翰所思者而引用，则坡公[4]亦未尝真见四腮鲈也。盖张翰吴人，因秋风思鲈鲙[5]，此正九月方有之四腮鲈也。如系斑鲈，四季皆有，何必秋风哉？鱼不露腮，露腮之鱼惟此种。《字汇》有“鳃”字，疑于此鱼立鳃名也。

[1] 康熙六年：公元1667年。[2] 哆口：张口。[3] 此句出自苏轼《后赤壁赋》，原文为：“今者薄暮，举网得鱼，巨口细鳞，状如松江之鲈。”[4] 坡公：指苏轼，苏轼号“东坡”。[5] 鲙：同“脍”。张翰因秋风而思鲈鱼脍的典故出自《晋书·张翰列传》：“翰因见秋风起，乃思吴中菰（gū）菜、莼（chún）羹、鲈鱼脍，曰：‘人生

贵得适志，何能羁宦数千里以要名爵乎！’遂命驾而归。”南朝宋刘义庆《世说新语·识鉴》里也有记载。后人诗文中常用此典表达思乡、归隐之意。

## | 译文 |

康熙六年，我客居松江，得以吃到四腮鲈鱼，味道非常美。这种鱼长不过八寸，张着口，圆头，细齿。身上没有鳞，背部排列着白点直到尾巴。它的腮有四叠，是红色的，而且露在外面。这就是“四腮鲈鱼”得名的原因。这种鱼只有一条脊骨，它生性精粹洁净，以海塘石缝为巢穴。鸡鸣之后出穴，凑近石头舔食白霜，所以只有九月才开始有，不知道是什么东西变化而成。到了正月、二月，就又变成别的东西而没有这种鱼了。当地人最珍视这种鱼，所以有谚语说：“四腮鲈，除却松江别处无。”在席间，人们常把它与黄雀相媲美，也有人称它为“假河豚”。据说捕捉这种鱼，不用网不用钓钩，用一根直的竹子，在竹梢横着穿一个孔，又插上小竹尖，不用饵料。只须站在海塘边的石头上，垂下长竹，用横竹穿透石缝，里面有这种鱼的话，它一定会衔住竹尖，这时小心提起竹竿，便能拽出，此法捕鱼非常容易。按：今人因为《后赤壁赋》所说的“巨口细鳞，状如松江之鲈”，就把松江斑鲈误认成四腮鲈，却不知松江四腮鲈不但与各地的鲈鱼不同，跟松江的斑鲈也不同。这篇赋如果是引用张翰所想，则东坡公还真的是未曾见过四腮鲈。张翰是吴郡人，因秋风起而想起鲈鱼脍，这正是说明九月才有四腮鲈。如果是斑鲈，四季都有，何必由秋风引起呢？鱼不露腮，露腮的鱼只有这种。《字汇》里有“鳃”字，我怀疑就是因为这种鱼而起了“鳃”这个名称。

康熙六年予客松江得食四腮鱸甚美其魚長不過八寸哆口圓頭而細齒身無鱗背列白點至尾腮四疊赤色露外此四腮之所得名也其魚止一脊骨性精潔以海塘石隙為穴雞鳴之後出穴就石啖霜故惟九月始有不知何物所化至正二月則又變形而無其魚矣士人最珍故諺云四腮鱸除却松江别處無席間常與黃雀比美亦謂之假河豚云捕此魚者非網非釣以一直竹其末橫穿一孔又揷小竹尖不用餌但立於海塘石上垂長竹而以橫竹穿透石隙有魚必嚙其竹乃抽而出得之甚易按今人因赤壁賦所云巨口細鱗狀似松江之鱸遂指松江斑鱸為四腮鱸不知松江四腮鱸不但與天下之鱸異并與松江之鱸亦異賦内若據張翰所思者而引用則坡公亦未嘗真見四腮鱸也蓋張翰吳人因秋風思鱸鱠此正九月方有之四腮鱸也如係斑鱸四季皆有何必秋風哉魚不露腮露腮之魚惟此種字彙有鰓字疑於此魚立鰓名也

四腮鱸贊
松江之鱸
名著遐方
但知腮四
誰信食霜

海中有一種黃霉魚形雖似石首而不大四季皆有一二寸長即有子蓋小種也大約亦石首晚生之魚所傳種類閩人云黃霉不是黃魚種帶柳不是帶魚兒似是而非不知魚有晚生之種自成一家黃霉帶柳皆其儔也

黃霉魚贊

黃霉種類
四季相續
頭大身細
二寸即育

# 黄霉鱼

黄霉鱼赞：黄霉种类，四季相续。头大身细，二寸即育。

海中有一种黄霉鱼，形虽似石首而不大，四季皆有。一二寸长即有子，盖小种也。大约亦石首晚生之鱼所传种类。闽人云："黄霉不是黄鱼种，带柳不是带鱼儿。"似是而非。不知鱼有晚生之种，自成一家，黄霉、带柳，皆其俦[1]也。

[1] 俦（chóu）：同类，相匹。

**| 译文 |**

海中有一种黄霉鱼，外形虽然像石首鱼却不大，四季繁生。此鱼长至一两寸长的时候就产卵了，是体形小的种类。也可能是晚生的石首鱼的后代。福建人说："黄霉鱼不是黄鱼的后代，带柳不是带鱼的幼崽。"这句话似是而非。他们不知道鱼有晚生的品种，自成一家，黄霉、带柳都属这一类的。

# 红　鱼

红鱼赞（一名新妇鱼）：翠袖红衫，朱颜不丑。龙王之媳，龙子之妇。

康熙乙亥[1]，福宁海人有得红鱼者，身全绯而翅尾翠色。其首顶微方，翅上有圈纹深绿，俊丽可爱。此鱼不恒见，土人竞玩，得图以识[2]。考《异物志》云：海上有一种红桃鱼，全赤，称为“绯鱼”，亦称“新妇鱼”，必此也。

[1] 康熙乙亥：康熙三十四年，公元1695年。[2] 识（zhì）：通“志”，记载，记录。

|译文|

康熙三十四年，有生活在福建海边的人捕获到红鱼，这种鱼全身红色，翅和尾巴是绿色的。它的头顶略呈方形，鱼翅上有圈纹为深绿色，长得俊美可爱。这种鱼不常见，当地人争着赏玩，我得以画图记录下来。考证《异物志》，里面说：海上有一种红桃鱼，全身红色，被称为“绯鱼”，也叫“新妇鱼”，一定就是这种鱼。

康熙乙亥福寧海人有得紅魚者身全緋而翅尾翠色其首頂微方翅上有圈紋深綠俊麗可愛此魚不恒見土人競玩得圖以識考異物志云海上有一種紅桃魚全赤稱為緋魚亦稱新婦魚必此也

紅魚贊一名新婦魚

翠袖紅衫
朱顏不醜
龍王之媳
龍子之婦

海鯽魚賛

河鯽渺瘦苦來淺岸
遊入大海心廣體胖

海鯽魚身濶肉厚而
骨硬土人名為打鐵
爐醃鮮皆可

# 海鲫鱼

海鲫鱼赞：河鲫渺瘦，苦束浅岸。游入大海，心广体胖。

**海鲫鱼，身阔肉厚而骨硬，土人名为“打铁炉”。腌鲜皆可。**

**|译文|**

海鲫鱼，体形宽，肉厚，骨质硬，当地人把它命名为“打铁炉”。腌制食用或新鲜食用都可以。

# 鲥　鱼

鲥鱼赞：弃骨取腴，鱼中罕匹。四月江南，时哉勿失。

鲥[1]鱼，《江宁志》中与鲟鱼并载，《杭州志》中与箬鱼并载，广州谓之“三鯬[2]之鱼”，福、兴、漳、泉亦有鲥鱼，《闽志》亦载。产江浙者，取于江，味美；产闽者，取于海，味差劣，闽中亦不重。鲥者，时也，江东四月有之，而闽海则夏秋冬亦有。《汇苑》云：“此鱼鳞白如银，多骨而速腐。是以醉鲥鱼欲久藏，始腌浸时投盐必重。”亦谓之“箭鱼”，以其腹下刺如矢镞[3]。

[1] 鲥：音shí。[2] 鯬：音lí。[3] 矢镞（zú）：箭头。

| 译文 |

鲥鱼，《江宁志》中和鲟鱼一并记载，《杭州志》中与箬鱼一并记载，广州人称它为“三鯬之鱼”，福州、兴化、漳州、泉州也出产鲥鱼，《闽志》也有记载。产于江浙的，是从江中捕获的，味道鲜美；产于福建的，是从海中捕获的，味道很差，福建人也不重视这种鱼。鲥，是“时”的意思，江东地区四月有，而福建海域则夏秋冬都有。《汇苑》记载：“这种鱼鳞白如银，骨头多而且容易腐坏。因此，想要长时间储存的话得做成醉鲥鱼，刚开始腌制的时候一定要多放盐。”这种鱼也被称为“箭鱼”，这是因为它腹部下方的刺像箭头一样。

鰣魚江寧志中與鱘魚並載杭州志中與篤魚並載廣州謂之三鯬之魚福興漳泉亦有鰣魚閩志亦載產江浙者取於江味美產閩者取於海味差劣閩中亦不重鰣者時也江東四月有之而閩海則夏秋冬亦有彙苑云此魚鱗白如銀多骨而速腐是以醉鰣魚欲久藏始醃浸時投鹽必重亦謂之箭魚以其腹下刺如矢鏃

鰣魚贊

棄骨取腴魚中罕匹
四月江南時哉勿失

博物志云比目魚兩魚並合乃能進彚苑云比目不比不行南越人稱為梭魚字彚魚部曰魪曰鰈曰鮎並註為比目魚爾雅翼曰比目形如牛脾身薄鱗細紫黑色半面無鱗一魚一目而無划水江東志曰膾殘魚錢塘志曰箬葉魚南粤志曰板魚福州志曰鰈鯋魚名雖異而形則同而世俗則因爾雅翼之說而曰比目魚今覩魚形與載籍所識不謬但郭景純所稱半面無鱗及一魚一目之說則訛今此魚兩面皆有鱗一面皆兩目郭註爾雅似未見真魚而擬議得之張漢逸曰此魚不比不行必有兩身然市此者從不見有兩魚並嚮類皆大小不等且兩目皆一面左生而無兩目右生者比翼之鳥雖有其名罕有見者比目之魚豈尋常可見者時世俗妄指箬魚而悞認之耳豈其然哉予謂是魚體薄一片又似不能獨遊而且監遊則目偏扁遊則口偏茍無相偶造物者曷如是付畀之不全乎貿之漁人曰是無吾閩中官名原曰鰈鯋土名則又曰搭沙在深水想非兩身不能並遊及入海岸淺處多係一片貼沙而行故曰搭沙似乎或分或合故可一可二予謂此魚凡網中所得其目皆係一面左生何以合遊漁人曰目在一面誠然其合體而遊或一口向上一口向下則魚目雖在一面而仍分於兩旁未可知也漁人懸擬亦近理然終無確憑今考閩志鱗介條下鰈鯋之外又有比目夫使鰈鯋既即比目矣又安得更有比目之名張漢逸曰然則鰈鯋非比目也明矣故各省志書雖有異名亦不曰比目予昔於福州實見有一種魚似魷魚狀而甚匾吾閩中呼此為比目魚乃真比目也但未獲圖其形姑存其說以俟辨者

箬葉魚賛

魚狀既異
魚名亦多
俗稱比目
誰辨其訛

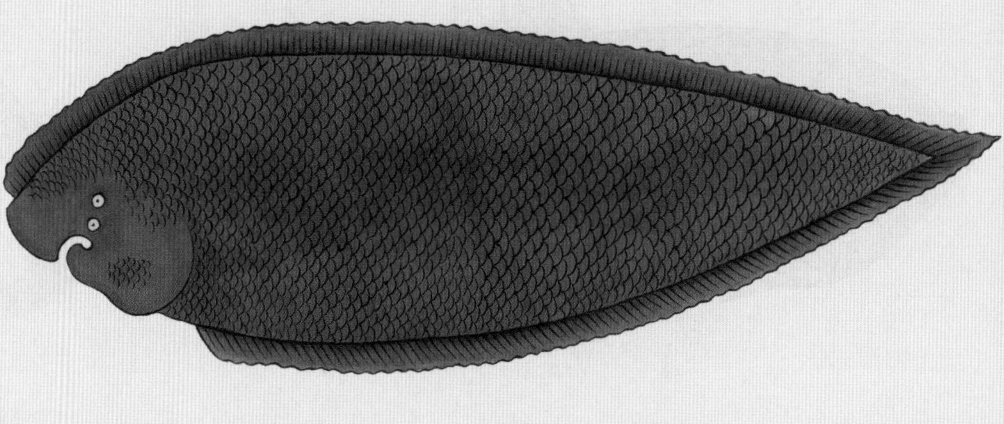

# 箬叶鱼

箬叶鱼赞：鱼状既异，鱼名亦多。俗称比目，谁辨其讹？

《博物志》云[1]：比目鱼，两鱼并合乃能进。《汇苑》云：比目，不比不行。南越人称为“梭鱼”。《字汇·鱼部》曰“魪[2]”、曰“鲽[3]”、曰“魼[4]”，并注为比目鱼。《尔雅翼》曰：比目，形如牛脾，身薄鳞细，紫黑色，半面无鳞，一鱼一目而无划水。《江东志》曰“脍残鱼”，《钱塘志》曰“箬叶鱼”，《南粤志》曰“板鱼”，《福州志》曰“鲽鲂鱼”。名虽异而形则同，而世俗则因《尔雅翼》之说而曰“比目鱼”。今睹鱼形，与载籍[5]所识不谬。但郭景纯[6]所称“半面无鳞”及“一鱼一目”之说则讹。今此鱼两面皆有鳞，一面皆两目。郭注《尔雅》似未见真鱼而拟议得之。张汉逸曰：“此鱼不比不行，必有两身。”然市此者从不见有两鱼并鬻，类皆大小不等，且两目皆一面左生，而无两目右生者。比翼之鸟[7]，虽有其名，罕有见者。比目之鱼，岂寻常可见者？时世俗妄指箬鱼而误认之耳，岂其然哉？予谓是鱼体薄一片，又似不能独游，而且竖游则目偏，扁游则口偏，苟无相偶，造物者曷如是付畀[8]之不全乎？质[9]之渔人，曰：“是无吾闽中官名[10]，原曰‘鲽鲂’，土名则又曰‘搭沙’。在深水，想非两身不能并游，及入海岸浅处，多系一片贴沙而行，故曰‘搭沙’。似乎或分或合，故可一可二。”予谓：“此鱼凡网中所得，其目皆系一面左生，何以合游？”渔人曰：“目在一面，诚然。其合体而游，或一口向上，一口向下，则鱼目虽在一面，而仍分于两旁，未可知也。”渔人悬拟亦近理，然终无确凭。今考《闽志》“鳞介”条下，“鲽鲂”之外，又有比目。夫使鲽鲂既即比目矣，又安得更有比目之名？张汉逸曰：“然则鲽鲂非比目也明矣。故各省志书虽有异名，亦不曰‘比目’。予昔于福州，实见有一种鱼，似鯱鱼状而甚匾。吾闽中呼此为‘比目鱼’，乃真比目也。”但未获图其形，姑存其说，以俟[11]辨者。

[1]《博物志》云：下文不见于今本《博物志》，或是《海错图》作者误记。[2] 魪：音jiè 。[3] 鲽：音dié。[4] 魼：音qū。[5] 载籍：书籍。[6] 郭景纯：郭璞（276—324），字景纯，晋代著名文学家、训诂学家。[7] 比翼之鸟：比翼鸟是中国古代传说中的鸟名。此鸟仅一目一翼，雌雄须并翼飞行，常比喻恩爱夫妻，亦比喻情深谊厚。[8] 付畀（bì）：托付，授予，交给。[9] 质：询问。[10] 官名：学名，正式名称。[11] 俟：等待。

| 译文 |

《博物志》里说：比目鱼，两鱼并合才能前进。《汇苑》里说：比目鱼，不成对出现就不能前行。南越人称它为“梭鱼”。《字汇·鱼部》里“魪”“鲽”和“魼”都一并注释为比目鱼。《尔雅翼》里说：比目鱼的形态像牛的脾，身体单薄，鳞片细密，紫黑色，半面无鳞，一条鱼有一只眼睛而没有划水的鳍。《江东志》里管它叫“脍残鱼”，《钱塘志》里管它叫“箬叶鱼”，《南粤志》里管它叫“板鱼”，《福州志》里管它叫“鲽鲂鱼”。名字虽然各不相同，但外形是一样的，人们通常因为《尔雅翼》的说法而管它叫“比目鱼”。现在看这种鱼的外形，与书籍所记载的没有差别。但郭璞所说的“半面无鳞”以及“一鱼一目”的说法是错误的。这种鱼两面都有鳞，而且一面有两只眼睛。郭璞注释《尔雅》似乎是没有见过真鱼而自己琢磨出来的。张汉逸说：“这种鱼不并排就不能游动，一定有两个身体。”可是市场上售卖的比目鱼从来不见有两条鱼一起的，个头也大小不等，而且两只眼睛都长在左侧的一面，没有两只眼睛长在右边的。比翼鸟，

虽有其名，很少有见到的。比目鱼，岂是寻常能够见到的？现在市井之人妄把箬鱼误认为是比目鱼，难道真是这样吗？在我看来，这种鱼身体是薄薄的一片，似乎不能单独游动，而竖着游则眼睛就会偏，横着游则嘴巴就会偏，假如不是两条鱼合游，造物者怎么会给予它这样不周全的身体呢？询问渔民，渔民说：“这种鱼在我们福建没有正式名字，原来叫‘鲽鲂’，土名则叫‘搭沙’。想必在深水，不是两只就不能并列游动，等到了海岸水浅的地方，多是一条贴着沙子前行，所以叫‘搭沙’。似乎有的分有的合，所以可一可二。”我说：“凡是网中所捕获的这种鱼，它的眼睛都是长在左面，怎么合游？”渔民说：“眼睛确实在同一面。它合体而游，或许是一只口向上，一只口向下，这样，鱼眼睛虽在一面，但仍然分在两旁，也未可知。”渔民的猜测也在理，但终究没有真凭实据。现在查证《闽志》“鳞介”条目下，“鲽鲂”之外，又有“比目”。假如鲽鲂已经就是比目，又怎么会另外撰“比目”的条目呢？张汉逸说：“这么说来，‘鲽鲂’不是比目鱼这一点已经很明确了。所以各省的方志里虽然有各种不同的名字，但也不叫‘比目’。我当初在福州确实见到一种鱼，像鳜鱼的样子却又非常扁。我们福建地区管这种鱼叫‘比目鱼’，是真的比目鱼。”可是我未曾获得此鱼的绘图，姑且保留这个说法，等待能够分辨它的人。

井魚頭上有一穴貯水冲起多在大洋船人常有見之者彙苑載毆成式云井魚腦有穴每噏水輙於腦穴蹙出如飛泉散落海中舟人競以空罌貯之海水鹹若經魚腦穴出反淡如泉水焉又四譯考載三佛齊海中有建同魚四足無鱗鼻如象能吸水上噴高五六丈又西方荅問內載西海內一種大魚頭有兩角而虛其中噴水入舟舟幾沉說者曰此魚嗜酒嗜油或拋酒油數桶則戀之而舍舟也又博物志云鯨魚鼓浪成雷噴味成雨惠州志亦稱鯨魚頭骨如數百斛一大孔大於甕又本草稱海豘腦上有孔噴水直上除海豘已有圖外諸說魚頭容水予槩以井魚目之而難於圖今考西洋怪魚圖內有是狀特摹臨之以資辨論嘗讀變化論曰人能變火龍能變水人能變火者人身三焦五臟之火無端而生病皆生於火故病字從丙龍能生水者龍借江湖之水以行雨其水有限龍能吞吐變幻而出之以少為多以近布遠如星星之火可以燎原也今觀建同等魚並能生水可知水族皆能變水不止於龍也是以江海泛溢風起雲湧不崇朝而桑田變成滄海者寧獨龍雨如澍哉海魚並乘風潮從而和之說文云池魚滿三百六十則蛟來為長率之而飛海魚之多何止億萬龍之招引而起以壯風雲之氣有斷然者但洪水為災則天地昏慘神鬼號呼民盡為魚誰能見之見者既難則論者無據是以古今載籍多未言及吾則有以驗於安常處順之日矣蓋濱海之鄉當夏秋之間或龍雨未興當有風雲疾起海上諸鱗介皆得逞一技一能以布雨風起雲湧而雨至風過雲散而雨收一日之間凡數十次田禾利之此非龍雨而海中魚蝨之雨老農皆能辨之至于近海之鄉天欲作霖則霧先起於海而後湧延於山取說原鼉能吐霧致雨之語合之井魚諸說而証之於圖信予水族並能變水世之所論則但稱龍云

井魚贊

魚頭有水海島有泉

其味皆淡妙理難詮

# 井　鱼

井鱼赞：鱼头有水，海岛有泉。其味皆淡，妙理难诠。

井鱼，头上有一穴，贮水冲起，多在大洋，舶人常有见之者。《汇苑》载，段成式云：井鱼脑有穴，每嗡水辄于脑穴蹙[1]出，如飞泉散落海中。舟人竞以空器贮之。海水咸苦，经鱼脑穴出，反淡如泉水焉。又，《四译考》载：三佛齐[2]海中有“建同鱼”，四足，无鳞，鼻如象，能吸水，上喷高五六丈。又，《西方答问》内载：西海内一种大鱼，头有两角而虚其中，喷水入舟，舟几沉。说者曰：“此鱼嗜酒嗜油，或抛酒油数桶，则恋之而舍舟也。”又，《博物志》云：鲸鱼“鼓浪成雷，喷沫成雨。[3]”《惠州志》亦称：鲸鱼头骨如数百斛一大孔，大于瓮。又，《本草》称：海狏[4]脑上有孔，喷水直上。除海狏已[5]有图外，诸说鱼头容水，予概以井鱼目之而难于图。今考《西洋怪鱼图》，内有是状，特摹临之，以资辨论。尝读《变化论》，曰：人能变火，龙能变水。人能变火者，人身三焦五脏[6]之火，无端而生。病皆生于火，故“病”字从“丙”[7]。龙能生水者，龙借江湖之水以行雨。其水有限，龙能吞吐变幻而出之，以少为多，以近布远，如星星之火，可以燎原也。今观建同等鱼，并能生水，可知水族皆能变水，不止于龙也。是以江海泛溢，风起云涌，不崇朝[8]而桑田变成沧海者，宁独龙雨如澍[9]哉？海鱼并乘风潮，从而和之。《说文》云：池鱼满三百六十，则蛟来为长[10]，率之而飞。海鱼之多，何止亿万？龙之招引而起，以壮风云之气，有断然者。但洪水为灾则天地昏惨，神鬼号呼，民尽为鱼，谁能见之？见者既难，则论者无据，是以古今载籍多未言及。吾则有以验于安常处顺[11]之日矣。盖滨海之乡，当夏秋之间，或龙雨未兴，尝有风云疾起，海上诸鳞介皆得逞一技一能以布雨。风起云涌而雨至，风过云散而雨收。一日之间凡数十次，田禾利之。此非龙雨，而海中鱼虫之雨，老农皆能辨之。至于近海之乡，天欲作霖，则雾先起于海而后漫延于山。取《说原》[12]“鼍能吐雾致雨”之语，合之井鱼诸说，而证之于图，信乎！水族并能变水，世之所论则但称龙云。

[1] 蹙（cù）：急迫。[2] 三佛齐：存在于苏门答腊岛上的一个古代王国。《海错图》作者所处的时代，三佛齐王国早已被灭，这里是借用其名来描述地理位置。[3] 此段文字不见于晋代张华《博物志》，而见于宋代李石《续博物志》第二卷。“沫”《海错图》误作“味”，据《续博物志》改。[4] 豘（tún）：通“豚”。[5] 已：《海错图》原文误作“巳”，据文意改。[6] 三焦五脏：中医术语，三焦是上、中、下三焦的合称。关于“焦”字的含义，历代医家认识不一。五脏，指心、肝、脾、肺、肾。[7] 病皆生于火，故“病”字从“丙”：古代以天干配五行，“丙”和“丁”对应“火”。按：“丙”为“病”字声符，跟语义无关，《海错图》此处是把形声字作会意字曲解。[8] 不崇朝（zhāo）：同“不终朝”，不到一个早晨。语出《诗经·卫风·河广》：“谁谓宋远，曾不崇朝。”[9] 如澍（zhù）：如注。“澍”此处同“注”。（澍另有“shù”音，为“及时雨”之意。）[10]《海错图》作者此处记忆有误，《说文》原文应为：“池鱼满三千六百，蛟来为之长。”参见161页内容。译文依《说文》更正。[11] 安常处顺：习惯于平稳的日子，处于顺利的境遇中。[12]《说原》：一部记载传说、异象的杂抄之书，明代穆希文编。

## ｜译文｜

井鱼，头上有一孔，贮水能冲起水柱，多生活在大洋里，水手们常有见到。《汇苑》里引用段成式的记载：井鱼脑袋上有孔，每当存满了水，就从脑穴中极速喷出，像飞泉散落在海里。水手们争着用空的容器去承接它。海水又咸又苦，经过鱼头上的洞喷出，反而淡得像泉水。又，《四译考》记载：三佛齐海中有建同鱼，四只脚，没有鳞，鼻子像大象的鼻子，能吸水，上喷高达五六丈。又，《西方答问》里记载：西洋里有一种大鱼，头上有中空的两只角，假如喷水到船里，船很可能会沉没。评论者说：“这种鱼喜欢酒喜欢油，有人抛几桶酒或几桶油，它就会贪恋美酒和油弃船而去。”又，《博物志》（应为《续博物志》）里说：鲸鱼鼓动浪花像雷声一样响，喷出的水沫像下雨一样。《惠州志》里也说：鲸鱼头骨上有一个容积达几百斛的大孔，比酒坛子还大。又，《本草》里说：海豚脑袋上有孔，喷水直上。除海豚我已经画好图之外，其他书籍中但凡头部能贮水的鱼，我一概视之为井鱼，只是难以画下来。现在考证《西洋怪鱼图》，里面有井鱼的样子，特地临摹下来，以备辨别论证。我曾经读《变化论》，里面说：人能变火，龙能变水。人能变火，是因为人体的三焦五脏之火，无端而生。病都由火而生，所以“病”字从“丙丁火”的“丙”。龙能生水，是因为龙借助江湖里的水来下雨。龙本身的水有限，但它能吞吐变幻弄出水来，以少变多，以近布远，如同星星之火，可以燎原。现在看建同等鱼，都能生水，由此可知：水族都能变水，不仅限于龙。因此江海潮涨潮落，风起云涌，一夕之间就使桑田变成沧海，难道仅仅是因为龙的作用吗？其实海鱼都能乘着风潮，跟随并呼应它。《说文》里说：池塘里的鱼满三千六百条，就有蛟龙来做它们的首领，带领着它们飞升而去。海鱼之多，何止亿万？龙招呼带领它们飞起来，以壮风云之气，这是毋庸置疑的。但洪水为灾则天地昏惨、神鬼号呼，百姓都化成了鱼，谁能见到？既然难以见到，那么这种论述也就没有根据，所以古今典籍大多没有说及此事。我不过是以自己的想象来推断它。在濒临海边的地方，每当夏秋之间，在龙还没有降雨的时候，曾经有风云疾速而起，海上各种长鳞甲的动物都能够施展它们的一点技能来下雨。风起云涌而雨至，风过云散而雨收。一日之间能下数十次，有利于庄稼的生长。这不是神龙降雨，而是海中鱼虫带来的雨水，老农都能分辨它。至于近海的地方，将要下雨的时候，雾先从海上产生而后蔓延到山上。《说原》谈及鼍能吐雾致雨的传说，现在参照各种关于井鱼的故事，佐以图画为证，可信度很高。可见水族都能变出水，世间人们谈论时则只提到了龙。

# 海焰鱼

**海焰鱼，产宁波海滨，亦名“海沿”。秋日繁生，长仅寸余而细，色黄味美。暮夜渔人架[1]艇，以火照之，则逐队而来，以细网兜之。晒干，味胜银鱼。愈小愈美，稍大则味减矣。**

[1] 架：通“驾”。

**| 译文 |**

海焰鱼产于宁波海滨，也叫“海沿鱼”。这种鱼秋季繁生，身体较细而长度仅有一寸多，黄色，味道鲜美。晚上，渔夫驾船出海，用火光引诱，海焰鱼就会成群结队地游来，渔夫可趁机用细网将其一网打尽。把它晒干后，味道比银鱼还要好吃。这种鱼体形越小味道越好，长得比较大的，味道就差些。

海焰魚産寧波海濱亦名海沿秋日繁生長僅寸餘而細色黄味美暮夜漁人架艇以火照之則逐隊而来以細網兠之晒干味勝銀魚愈小愈美稍大則味减矣

海焰

# 马　鲛

马鲛赞：鱼交社生，夏入网罟。鲜食未佳，差可为脯。

《汇苑》云：马鲛形似鳙，其肤似鲳而黑斑，最腥，鱼品之下。一曰“社交鱼”，以其交社[1]而生。按：此鱼尾如燕翅，身后小翅，上八下六，尾末肉上又起三翅。闽中谓先时产者曰“马鲛”，后时产者曰“白腹”，腹下多白也。琉球国[2]善制此鱼，先长剖而破其脊骨，稍加盐，而晒干以炙之，其味至佳。番舶每贩至省城以售。台湾有泥托鱼，形如马鲛，节骨三十六节，圆正可为象棋。

蔡日华曰：“海中之鱼种类既多，而一种之中又分数种，即土著于海琅[3]，亦不能尽辨。即如马鲛，其名有四五种，而味亦优劣焉。马鲛头水，身青而有斑。其后有一种曰‘油筒’，身带青蓝而无斑，煮之皆油味，逊马鲛一等，即白腹也。又有一种‘䲠’，斑点颇大，色与马鲛同，味又次于油筒焉。又一种曰‘青鮇[4]’，与䲠略同，但身长而瘦，味淡不美。马鲛之末又有一种曰‘马鲛梭鱼’，身小，状如梭而头尖，味尤薄焉。然则马鲛初生者佳，其后则愈趋而愈下矣。”

[1] 交社：正逢春社。春社是古代祭祀土地神的节日，时间一般为立春后的第五个戊日，大约在春分前后。[2] 琉球国：曾存在于琉球群岛的封建政权名，明清时为中国藩属国，清末被日本吞并。[3] 海琅：疑为地名，待考。[4] 鮇：音zhì。

蔡日華曰海中之魚種類既多而一種之中又分數種即土著於海鄉亦不能盡辨即如馬鮫其名有四五種而味亦優劣焉馬鮫頭水身青而有斑其後有一種曰油筒身帶青藍而無斑煮之皆油味遜馬鮫一等即白腹也又有一種⿰魚彪斑點頗大色與馬鮫同味又次於油筒焉又一種曰青⿰魚失與⿰魚彪畧同但身長而瘦味淡不美馬鮫之末又有一種曰馬鮫梭魚身小狀如梭而頭尖味尤薄焉然則馬鮫初生者佳其後則愈趨而愈下矣

彙苑云馬鮫形似鱅其膚似鯧而黑斑最腥魚品之下一曰社交魚以其交社而生

按此魚尾如燕翅身後小翅上八下六尾末肉上又起三翅閩中謂先時產者曰馬鮫後時產者曰白腹腹下多白也琉球國善制此魚先長剖而破其脊骨稍加鹽而晒乾以炙之其味至佳番舶每販至省城以售臺灣有泥托魚形如馬鮫節骨三十六節圓正可為象棋

馬鮫贊

魚交社生
夏入網罟
鮮食未佳

## | 译文 |

《汇苑》里说：马鲛的形态像鳙鱼，它的皮肤像鲳鱼而带黑斑，味道最腥，是鱼中品质较差的。这种鱼又叫“社交鱼”，是因为它们正逢每年春社时出生。按：这种鱼尾巴如同燕翅，身后有小翅，上面八个，下面六个，尾巴末端还长有三个翅。福建地区将春社前出产的鱼叫“马鲛鱼”，春社后出产的叫“白腹鱼”——只因其腹部下多为白色。琉球人善于加工这种鱼，他们先把鱼纵向剖开再斩开它的脊骨，稍微加些盐，晒干了之后烤炙，味道非常鲜美。外国商船经常将这种鱼贩运到省城售卖。我国台湾有一种泥托鱼，长得很像马鲛鱼，节骨有三十六节，又圆又规整，可以制成象棋。

蔡日华说：“海中的鱼种类已经非常多了，而一种之中又分成好几种，即便是海琅当地人，也不能完全分辨。就像马鲛鱼，它的名字有四五种，而味道也有优有劣。第一批出现的马鲛鱼，身体青色而有斑。接着出现的一批叫‘油筒鱼’，身呈青蓝色而没有斑，煮着吃都有油味，比马鲛鱼差一等，这就是白腹鱼。还有一种‘鯱鱼’，斑点比较大，颜色与马鲛鱼一样，味道又次于油筒鱼。还有一种叫‘青鲂鱼’，与鯱鱼差不多，但身形长而瘦，味道淡而不美。最末等马鲛鱼叫‘马鲛梭鱼’，身体短小，样子像梭子而头是尖的，味道就更寡淡了。可见，马鲛鱼第一批出产的是最好的，越往后就越差了。”

# 麻　鱼

麻鱼赞：河豚虽毒，尚可摸索。麻鱼难近，见者咤愕。

闽海有一种麻鱼，其状口如鲇，腹白，背有斑如虎纹，尾拖如魟而有四刺。网中偶得，人以手拿之，即麻木难受。亦名“痺鱼”。人不敢食，多弃之，盖毒鱼也。其鱼体亦不大，仅如图状。按：麻鱼，《博物》等书不载，即海人亦罕知其名，鲜[1]识其状。闽人吴日知居三沙，日与渔人处，见而异之，特为予图述之。因询予曰：“以予所见如此，先生亦有所闻乎？”曰：“有。尝阅《西洋怪鱼图》，亦有‘麻鱼’。云其状丑笨，饥则潜于鱼之聚处，凡鱼近其身，则麻木不动，因而啖之。今汝所述，与彼吻合。”日知曰：“得所闻以实吾之所见，不为虚诞矣。”

[1] 鲜（xiǎn）：少。

## | 译文 |

福建海域中有一种麻鱼，它的嘴像鲇鱼，肚子是白的，后背有老虎纹一样的斑纹，尾巴拖着，像魟鱼一样，不过比魟鱼多四根刺。用网偶然捕获，有人用手拿它，就会感到麻木难受。这种鱼也叫“痺鱼”。人们不敢吃它，多丢弃了事，只因这是一种有毒的鱼。这种鱼体形也不大，仅仅像图中大小。按：麻鱼，《博物志》等书没有记载，即便是生活在海边的人也很少知道它的名字，很少见过它的样子。福建人吴日知常年居住在三沙，每天和渔民打交道，见到这种鱼，觉得它很奇特，特地为我画图描述。并问我：“我见到的麻鱼就长这个样子，先生也听说过吗？”

我回答：“听说过。我曾经翻阅过《西洋怪鱼图》，那里面也有‘麻鱼’。书里说麻鱼的样子又丑又笨，饿了就藏身于鱼群聚集的地方，一旦有鱼接近，就麻翻它，然后把它吃了。现在你所描述的，跟那本书说的正好吻合。”吴日知说：“能够听到书中这个记载来证实我所见的，就不是荒诞无稽之谈了。”

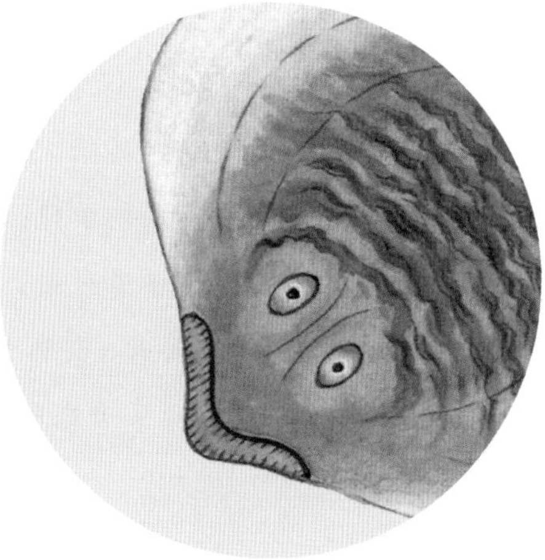

閩海有一種麻魚其狀口如鮎腹白背有斑如虎紋尾拖如魟而有四刺網中偶得人以手拿之即麻木難受亦名痺魚人不敢食多棄之蓋毒魚也其魚體亦不大僅如圖狀按麻魚博物等書不載即海人亦罕知其名鮮識其狀閩人吴日知居三沙日與漁人處見而異之特為予圖述之因詢予曰以予所見如此先生亦有所聞乎曰有嘗閲西洋怪魚圖亦有麻魚云其狀醜笨飢則潛於魚之聚處凡魚近其身則麻木不動因而啖之今汝所述與彼吻合日知曰得所聞以實吾之所見不為虛誕矣

麻魚贊

河豚雖毒尚可摸索

麻魚難近見者咤愕

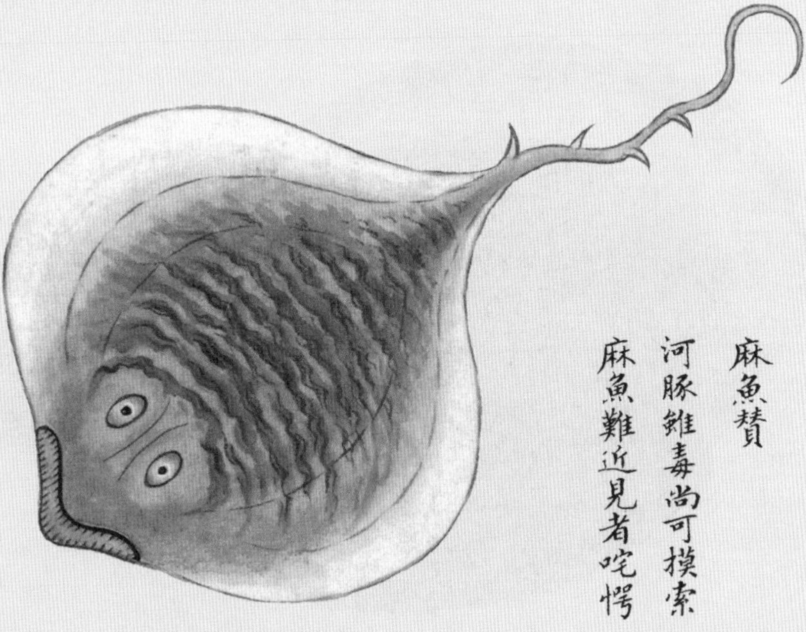

比目魚而必曰真所以為假者辨也世多指箬魚為比目皆緣爾雅翼所悞且箬魚多而比目少人益罕見即漁人亦昧之予圖已告竣正苦欲得一真比目而不可得及還錢塘留宿江上清梵菴董吉甫以箬魚啖予因即以比目詢董曰箬魚與比目兩種也箬魚長扁而二目網中所得不成雙比目兩魚各一目身濶尾圓色味鱗翅並與箬同因為予圖述嗟乎比目既為世所希見真假之不辨也久矣今存其圖與說世有張華杜預其人定當為之擊節而起

真比目魚贊

鰜鰜兩身真成比目

取証箬魚毋庸再惑

# 真比目鱼

真比目鱼赞：鳒鳒两身，真成比目。取证箬鱼，毋庸再惑。

比目鱼而必曰“真”，所以为假者辨也。世多指箬鱼为比目，皆缘《尔雅翼》所误。且箬鱼多而比目少，人益罕见，即渔人亦昧之。予图已告竣，正苦欲得一真比目而不可得。及还钱塘，留宿江上青梵庵，董吉甫以箬鱼啖予，因即以比目询。董曰：“箬鱼与比目，两种也。箬鱼长扁而二目，网中所得不成双。比目两鱼各一目，身阔尾圆，色味鳞翅并与箬同。”因为予图述。嗟乎！比目既为世所希见，真假之不辨也久矣。今存其图与说。世有张华[1]、杜预[2]其人，定当为之击节[3]而起。

[1] 张华（232—300）：字茂先。西晋时期政治家、文学家、藏书家，著有《博物志》。[2] 杜预（222—285）：字元凯，西晋时期著名的政治家、军事家和学者，以博学著称，著有《春秋左氏经传集解》《春秋释例》等。[3] 击节：本指打拍子，后形容对别人的诗文或技艺等的赞赏。

### | 译文 |

比目鱼一定要强调“真的”，是为了与假的区别清楚。世人多把箬鱼当成比目鱼，都是因为受《尔雅翼》的误导。况且箬鱼多而比目鱼少，人们更是很少能见到，即便是渔民也难以分辨。我将箬鱼的图画好，苦于想找一条真正的比目鱼却找不到。等到我回到杭州，留宿在江边的青梵庵，董吉甫拿箬鱼款待我，于是我就以比目为话题向他请教。董吉甫说：“箬鱼和比目鱼是两种鱼。箬鱼又长又扁而且有两只眼睛，捕在网中时没有成对的。比目鱼则成对出现，两条鱼各有一只眼睛，身体宽且尾巴圆，颜色、味道、鱼鳞、鱼翅都与箬鱼一样。”并且为我画图加以说明。哎呀！比目鱼是世间罕见的，故长久以来难辨真伪。现在留存关于它的图画和相关说法。若世间有张华、杜预那样博学的人，一定会为此赞叹不已。

鰳魚考彙苑云腹下之骨如鋸可勒故名出與石首同時海人以冰養之謂之冰鮮字彙不解但曰鰳鯗閩粤志俱載按此魚腹下有利骨如刀頭上有骨為鶴身若翅若頸若足並有離骨湊之儼然一鶴兒童多取此為戲其嘴昂其領厚白甲如銀而背微青肉内多細骨凡鹹魚糜爛則難食獨鰳鯗糟醉以糜爛為妙然閩地煖甚腥不耐久藏温台次之杭紹又次之姑蘇有蝦子鰳鯗更美至江北則香而不腥味尤勝越歷南北而食此定能辨之

鰳魚賛

腹下有刀頭頂有鶴
有鶴難誇有刀難割

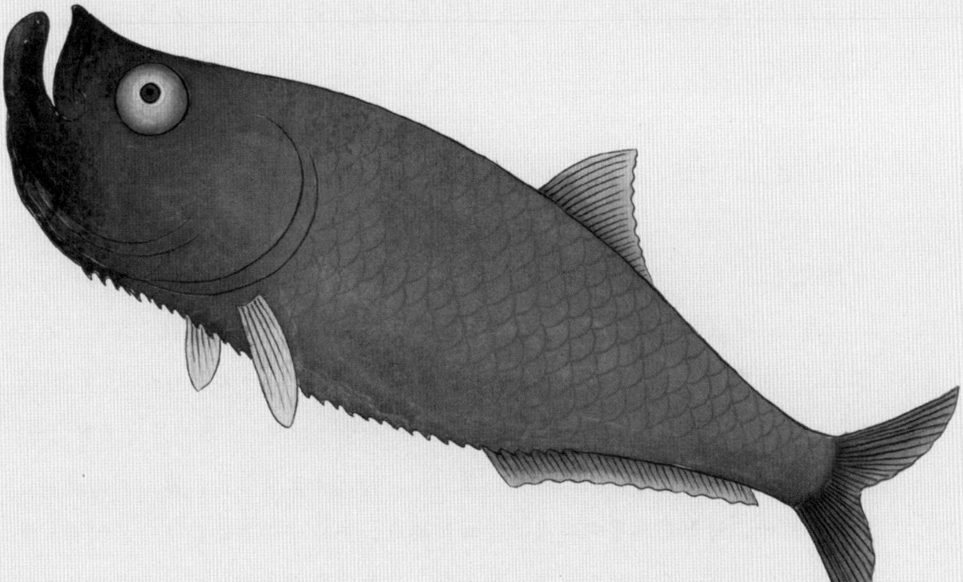

# 鳓　鱼

鳓鱼赞：腹下有刀，头顶有鹤。有鹤难夸，有刀难割。

鳓[1]鱼，考《汇苑》云：腹下之骨如锯可勒[2]，故名。出与石首同时，海人[3]以冰鲞之，谓之“冰鲜”。《字汇》不解，但曰“鳓鲞”。闽、粤志俱载。按：此鱼腹下有利骨如刃，头上有骨，为鹤身，若翅、若颈、若足，并有杂骨凑之，俨然一鹤。儿童多取此为戏。其嘴昂，其领[4]厚，白甲如银，而背微青，肉内多细骨。凡咸鱼糜烂则难食，独鳓鲞糟醉，以糜烂为妙。然闽地暖甚，腥不耐久藏，温、台次之，杭、绍又次之。姑苏有虾子鳓鲞，更美。至江北则香而不腥，味尤胜。越历南北而食此，定能辨之。

[1] 鳓：音lè。[2] 勒：拉。[3] 海人：指海上渔民。[4] 领：脖子。

| 译文 |

鳓鱼，考证《汇苑》，里面说：腹部下方的骨头像锯一样可以“勒”，所以取了这个名字。鳓鱼鱼汛的时间跟石首鱼一致，渔民用冰把鱼鲞保存起来，称作“冰鲜”。《字汇》里没有解释，只是收录了“鳓鲞”一词。福建、广东的方志都有记载。按：这种鱼腹部下方有锋利的骨头，像刀刃一样，头上有骨头，像仙鹤的身体，翅膀、脖子、脚都可通过它身上其他骨头凑齐，拼在一起俨然就是一只仙鹤。儿童多拿它做游戏。它的嘴向上翘，脖子厚，白色的鳞甲亮如白银，而背部微微发

青，肉里有很多细小的骨头。凡是咸鱼，一旦捣碎后就不堪食用，单单酒糟的鰳鲞捣碎后反而更加美味。可是，福建地区很暖，腥物不耐久藏，温州、台州次之，杭州、绍兴又次之。姑苏还有一种佳肴名叫虾子鰳鲞，味道更佳。过了江北就香而不腥了，味道尤其好。细细品尝大江南北的鰳鲞，就一定能够辨出其分别。

# 鳗腮鱼

鳗腮鱼赞：罢而且软，柔而更弱。本不刚强，却又狡猾。

鳗[1]腮鱼，软滑涎粘，手中难握。划水之中，复有一鳞，在其腹下。尾圆而大，背腹之翅皆阔，或海鳗之种类也。《福州志》有“状鳗”，疑即此。

[1] 鳗：音mán。

｜译文｜

鳗腮鱼，身体又软又滑，涎液发黏，难以用手握住。划水的鳍中间还有一片鳞，在它的腹下。它的尾巴圆而大，背部、腹部的翅都很宽，或许是海鳗的一种。《福州志》里载有“状鳗”，我怀疑就是这种鱼。

鰻腮魚軟滑涎粘手中難握划水之中復有一鱗在其腹下尾圓而大背腹之翅皆濶或海鰻之種類也福州志有狀鰻疑即此

鰻腮魚贊

罷而且軟柔而更蒟
本不剛強却又狡滑

鱸鰻狀如海鰻而白有鱸斑皮上隱隱有
魚鱗紋炙之則無其味甚美海人宴客以
爲佳品按鰻無子大約影漫諸魚即肖諸
魚之象鱸鰻確是鱸種其肉甚細食者比
之爲河豚云

鱸鰻贊

鰻影漫鱸種傳鱸象
其味何如河豚一樣

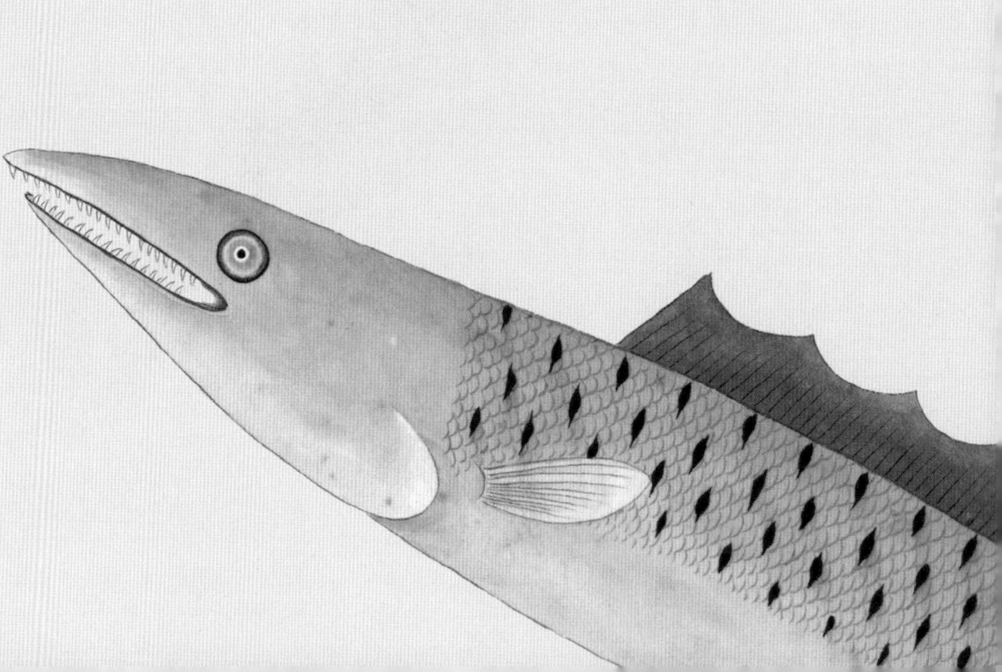

# 鲈　鳗

鲈鳗赞：鳗影漫鲈，种传鲈象。其味何如？河豚一样。

鲈鳗，状如海鳗而白，有鲈斑，皮上隐隐有鱼鳞纹，启之则无。其味甚美，海人宴客以为佳品。按：鳗无子，大约影漫诸鱼，即肖诸鱼之象[1]。鲈鳗确是鲈种，其肉甚细，食者比之为河豚云。

[1]《埤雅》卷二："有鳗鲡者，以影漫于鳢，则其子皆附鳢之鬐鬣而生，故谓之'鳗鲡'也。"明代屠本畯《闽中海错疏》亦载。

| 译文 |

鲈鳗，外形像海鳗但比海鳗白，有鲈鱼斑，皮上隐隐约约有鱼鳞纹，想要去揭下来实际却没有。这种鱼的味道非常美，海上渔民常把它作为招待客人的好东西。按：鳗鱼不产卵，大约是影子盖住了其他各种鱼，各种鱼就为它产下后代，这后代也就跟其他鱼的样子很像。鲈鳗的确是鲈鱼的一种，它的肉非常细腻，美食家认为它可以比美河豚。

# 龙头鱼

龙头鱼赞：尔本鱼形，曷以龙称？只因口大，遂得虚名。

龙头鱼，产闽海。巨口无鳞而白色，止一脊骨，肉柔嫩多水，亦名“水淀”，盖水沫所结而成形者也。虽略似鲎状，然鲎鱼有子，此鱼无子。食此者，投以沸汤[1]即熟可啖。

[1] 汤：开水。

| 译文 |

龙头鱼，产在福建海域。大嘴，没有鳞片，通体白色，仅仅有一条脊骨，肉质柔嫩多水，也叫“水淀鱼”，大概因为它是水沫所结而成的。虽然略微有些像鲎鱼的样子，但是鲎鱼有鱼子，这种鱼没有子。吃这种鱼，用开水汆一下就熟了。

龍頭魚產閩海巨口無鱗而白色止一脊骨肉柔嫩多水亦名水潺蓋水沫所結而成形者也雖略似鯗狀然鯗魚有子此魚無子食此者投以沸湯即熟可啖

龍頭魚贊

爾本魚形曷以龍稱
只因口大遂得虛名

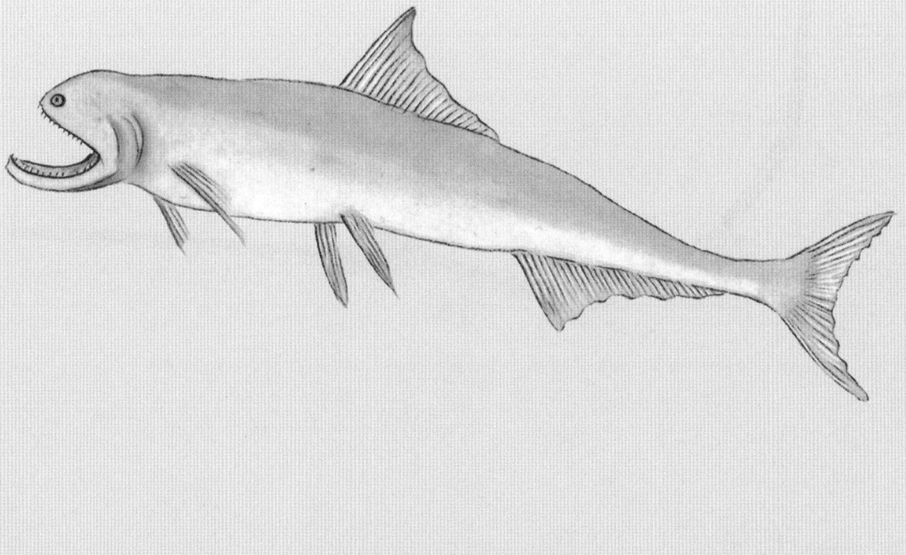

竹魚細長而綠色嘴長尾岐種小
不大可食産連江海中福州志載
有竹魚

竹魚賛

靈山紫竹浮出海角
年久生苔變魚成綠

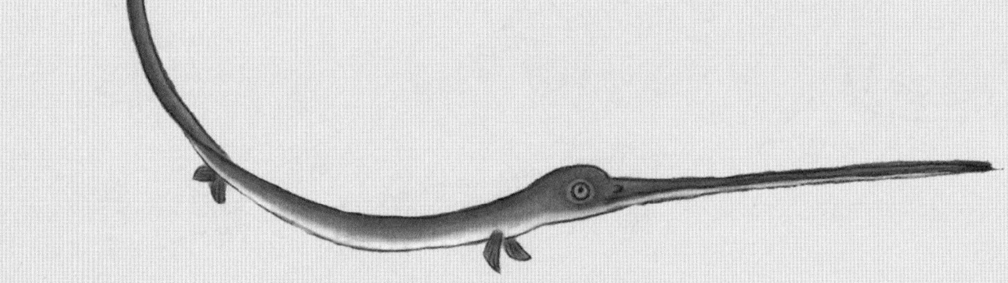

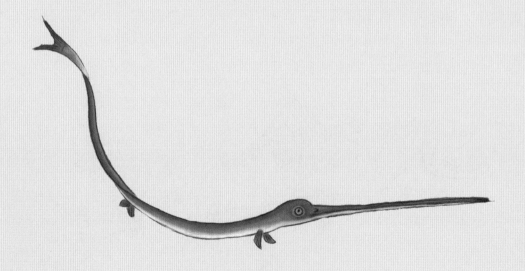

# 竹　鱼

竹鱼赞：灵山紫竹，浮出海角。年久生苔，变鱼成绿。

**竹鱼，细长而绿色，嘴长尾岐，种小不大，可食。产连江海中。《福州志》载有“竹鱼”。**

**| 译文 |**

竹鱼，通体绿色，身体细长，嘴巴修长，尾巴分叉，此鱼个头很小，长不大，可以食用。产在连江海中。《福州志》记载有“竹鱼”。

# 海 鳗

海鳗赞：似鳅嘴长，比鳝多翅。食者疗风，《本草》所识。

海鳗，浙、闽、广海中俱有。口内之牙中央又起一道。身无鳞而上下有翅。人畜死于海者，多穴于其腹[1]。海中有巨鳅，无巨鳗。鳗多在海岸，故渔人每得之；海鳅多穴大洋海底，日本外国善取。亦至大边海[2]，渔人从无捕得者。《字汇》云：鳗无鳞甲，腹白而大，背青色。有雄无雌，以影漫鳢而生子[3]，故谓之鳗。海鳗亦然。然海中杂鱼，似鳗非鳗者甚多，如鳗、腮红鳗、蜴虎等鱼，大约皆因鳗涎而生者也。《本草》：鳗鱼去风。《日华子》[4]曰：海鳗平，有毒，治皮肤恶疮、疳、痔等，又名“慈鳗”“鲡[5]狗鱼”。

[1] 穴于其腹：以其腹为穴，是被其吃掉的委婉说法。[2] 边海：近陆地的海。[3] 以影漫鳢而生子：明代李时珍《本草纲目》第四十四卷引《赵辟公杂录》说鳗鱼“以影漫于鳢鱼而其子皆附于鳢鬐而生”。明代彭大翼的《山堂肆考》、明代顾起元的《说略》、清代陈元龙的《格致镜原》里也有类似描写。[4]《日华子》：《日华子诸家本草》，简称《日华子本草》或《日华本草》《大明本草》等。五代时期药学著作，具体著作年代不详，作者无考。李时珍认为作者姓“大”名“明”。[5] 鲡：音lí。

## 译文

海鳗，浙江、福建、两广的海中都有分布。除正常长有一副牙齿外，咽喉内隐藏着第二副牙齿。它身体没有鳞，上下长着鱼翅。死于海中的人畜，大多是被它所吃。海中有巨型海鳅，却没有巨型海鳗。鳗鱼多生活在近岸浅海处，所以渔民经常能够捕获到它；海鳅大多在大洋海底筑穴，日本等国的洋人善于捕取。它也到广阔的边海，但渔民从来没有捕到这种鱼。《字汇》里说：鳗鱼没有鳞甲，腹白而大，背部青色。鳗鱼有雄鱼没有雌鱼，它用自己的影子漫（盖）住鳢鱼，鳢鱼就为它产子，所以称之为“鳗”。海鳗也是这样。但是海中的各类鱼，长得像鳗鱼却又不是鳗鱼的非常多，如鳗、腮红鳗、蟳虎等鱼，大概都是由鳗鱼的涎沫而生的。《本草》里说：鳗鱼能治疗风疾。《日华子》里说：海鳗性平，有毒，可以治疗皮肤恶疮、疳、痔等疾病，又叫“慈鳗”“鲕狗鱼”。

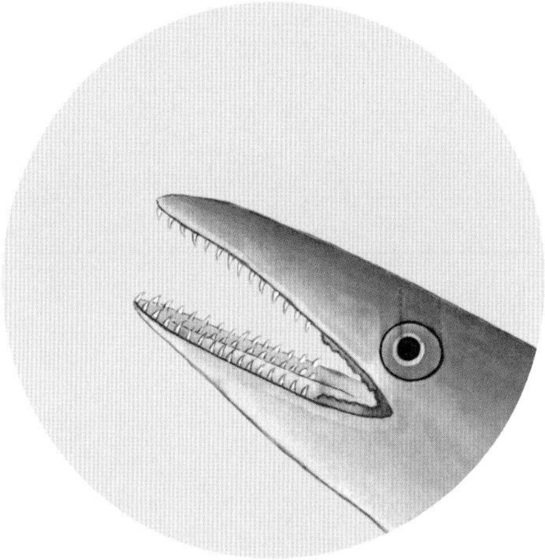

海鰻浙閩廣海中俱有口內之牙中央又起一道身無鱗而上下有翅人畜死於海者多穴於其腹海中有巨鰍無巨鰻鰻多在海岸故漁人每得之海鰍多穴大洋海底日本外國善取亦至大邊海漁人從無捕得者字彙云鰻無鱗甲腹白而大背青色有雄無雌以影漫鱧而生子故謂之鰻海鰻亦然然海中雜魚似鰻非鰻者甚多如鰻腮紅鰻蟳虎等魚大約皆因鰻涎而生者也本草鰻魚去風日華子曰海鰻平有毒治皮膚惡瘡疳痔等又名慈鰻鱺狗魚

海鰻贊

似鰍嘴長比鱔多翅

食者療風本草所識

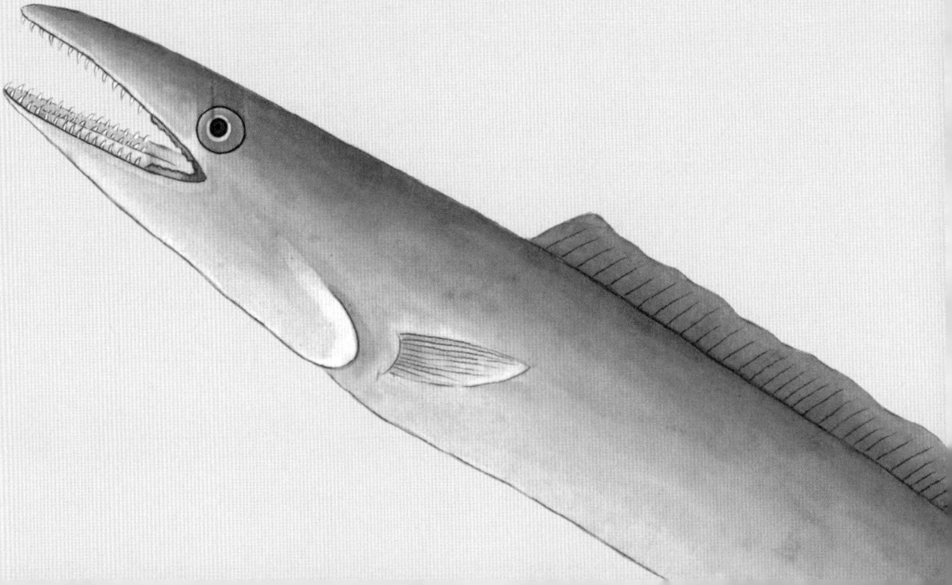

黃鱯似鯗魚而濶多刺與石首同時發然不甚大字彙鱯音獲閩人呼此魚為黃隻

黃鱯贊

海魚如鯗金翅銀鱗

土名黃鱯方音未真

# 黄　鳠

黄鳠赞：海鱼如鲎，金翅银鳞。土名黄鳠，方音未真。

黄鳠[1]，似鲎鱼而阔，多刺。与石首同时发，然不甚大。《字汇》“鳠”音“获”，闽人呼此鱼为“黄蒦[2]”。

[1] 鳠：音hù。古音huò。《海错图》原文作“鳠”，据唐兰考释马王堆汉墓竹简文字：“鳠”即“鳠”字。[2] 蒦（huò）：《海错图》原文误作“隻（zhī）”，“鳠”字虽可写作“鳠”，但“蒦”不能写作“隻”，据文意改。

| 译文 |

黄鳠，长得像鲎鱼但比鲎鱼宽，刺很多。它和石首鱼同时出现鱼汛，但不是很大。《字汇》里说“鳠”读“获”，福建人管这种鱼叫“黄蒦”。

# 鹤 鱼

鹤鱼赞：白鹤入海，追踪鱼乐。误入禹门，脱白挂绿。

康熙丙子夏月[1]，福宁州鱼市有鹤[2]鱼。张汉逸勒予往观而图存之。考之州志，海物中有鹤鱼，而诸类书无闻焉。是鱼啄[3]长，确肖鹤形，而尾端绿岐。按："鶮[4]"同"鹤"。今《字汇·鱼部》有"鰝[5]"字，不止作"大虾"解也，亦当同"鹤"，则不让鳐鱼独专美矣。

[1] 康熙丙子夏月：康熙三十五年（1696年）夏天。[2] 鹤（hè）：古同"鹤"。[3] 啄：此处当音"zhòu"，同"咮（zhòu）"，鸟嘴。这里借指鱼的嘴。"啄"也有可能是"喙（鸟嘴）"的误写。[4] 鶮（hè），古同"鹤"。[5] 鰝：音hào。

## | 译文 |

康熙三十五年夏天，福宁州鱼市中有鹤鱼售卖。张汉逸拉着我前去观看，我顺便将其画图保存。查证州志，里面记载的海物中有鹤鱼，而众多类书中则没有记载。这种鱼的嘴很长，确实很像鹤的样子，而它的尾巴是绿色分叉的。按："鶮"同"鹤"。现在《字汇·鱼部》里有"鰝"字，恐怕不仅仅作"大虾"解释，也应该同"鹤"字，这样一来，就不单单只有鳐鱼像鹤了。

康熙丙子夏月福寧州魚市有雀魚張漢逸勒予往觀而圖存之考之州誌海物中有雀魚而諸類書無聞焉是魚喙長雖肖雀形而尾端綠歧按鶮同鶴今字彙魚部有鰝字不止作大蝦解也亦當同鶴則不讓鰩魚獨專美矣

雀魚贊

白雀入海追踪魚樂
快入禹門脫白掛綠

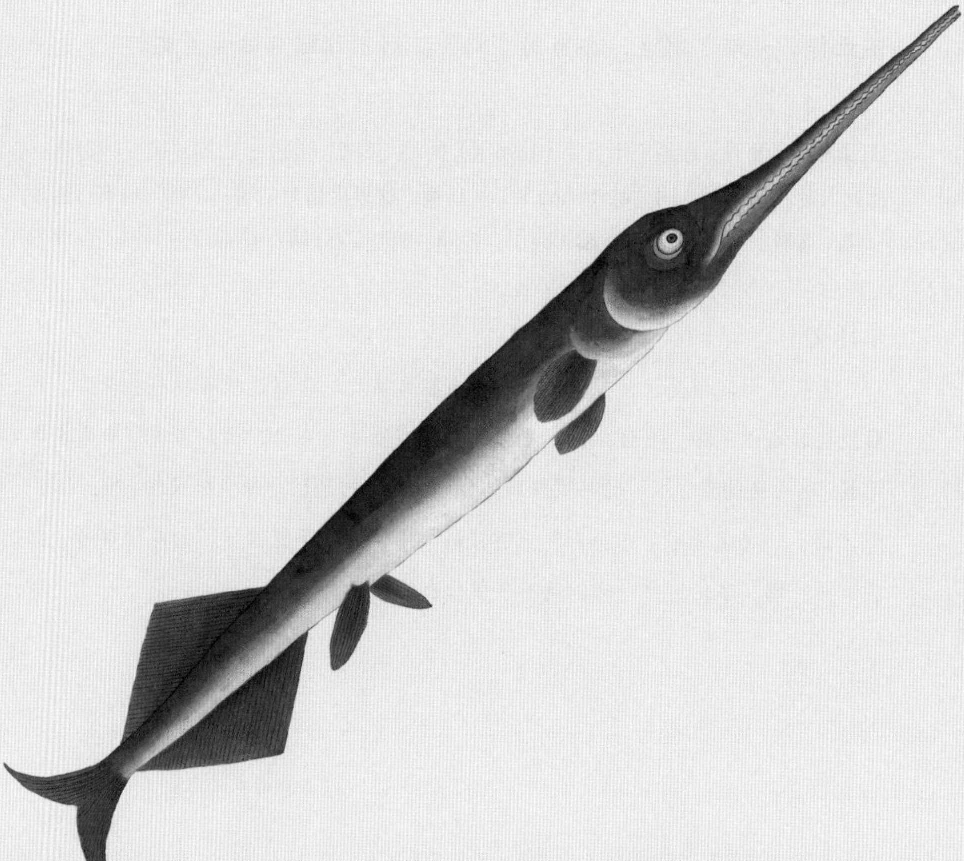

閩海有一種水沫魚係水沫結成柔軟而明徹照見其中若有骨節狀其寔無骨也不但無骨而且無肉就陽曦一照則竟乾如薄紙而無矣字彙魚部有穌字註云海中魚似鮀予謂即此魚可當之

水沫魚贊

柔如敗絮透若水晶
就日則枯在水無痕

# 水沫鱼

水沫鱼赞：柔如败絮，透若水晶，就日则枯，在水无痕。

**闽海有一种水沫鱼，系水沫结成，柔软而明彻，照见其中若有骨节状，其实无骨也。不但无骨，而且无肉。就阳曦一照，则竟干如薄纸而无矣。《字汇·鱼部》有“鮇[1]”字，注云：“海中鱼，似鲍。”予谓即此鱼可当之。**

[1] 鮇：音mò。

## | 译文 |

福建海域出产一种水沫鱼，是水沫凝结成的，这种鱼柔软而透明，光照下可以看见其中好像有骨节的样子，其实它是没有骨头的。不但没有骨头，而且没有肉。阳光一晒，竟然干得像一张薄纸，所剩无几了。《字汇·鱼部》有“鮇”字，注释说：“海中鱼，像鲍鱼。”我认为说的是这种鱼。

# 党甲鱼

党甲鱼赞：党甲名土，殊难入谱。腹大口侈，定为虾虎。

党甲鱼，闽之土名也。活时黄背白腹，毙则色紫。俗名“海猪蹄”，又名“厘戥[1]盒”，象形也。《闽志》无其名，考《汇苑》：海中一种鱼，类土附而腮红，若虎，善食虾，谓之“虾虎鱼”。疑必此也。土人云：三月多，味亦美。

[1] 厘戥（děng）：戥，又称戥子，是古代称量贵重物品或药品用的一种小型的秤。因为戥子称量很精确，古人夸张地认为能精确到厘（古代重量单位，一两的千分之一为一厘），所以也称“厘戥”。

| 译文 |

党甲鱼，是福建人给它起的土名。它活着的时候背部黄色、腹部白色，死了之后则是紫色的。这种鱼俗名“海猪蹄”，又叫“厘戥盒”，这个名字是象形得来的。《闽志》里没有记载，查证《汇苑》，里面说它是海鱼的一种，样子像土附而鳃是红色的，像虎，善于吃虾，被称为“虾虎鱼”。我怀疑说的就是这种鱼。当地人说：党甲鱼三月的时候最多，味道也最鲜美。

党甲魚閩之土名也活時黄背白腹斃則色紫俗名海猪蹄又名鼈戲盆象形也閩誌無其名考彙苑海中一種魚類土附而腮紅若虎善食蝦謂之蝦虎魚疑必此也土人云三月多味亦美

党甲魚賛

党甲名土　殊難入譜
腹大口侈　定爲蝦虎

麥魚產寧波海塗色青長及寸許四月麥熟即發故名潛身海塗泥穴中最善躍難捕兒輩用足踏於兩穴中處以兩手兜于左右乃得然亦逃去者其味甚美鮮乾並佳捕者竭終日之力得千頭不過一觔故貴重也寧波黃卜先叔侄嘖嘖稱味不置

# 麦　鱼

麦鱼，产宁波海涂[1]。色青，长及寸许。四月麦熟即发，故名。潜身海涂泥穴中，最善跃，难捕。儿童用足踏于两穴中处，以两手兜于左右乃得，然亦逃去者。其味甚美，鲜干并佳。捕者竭终日之力得千头，不过一斤，故贵重也。宁波黄卜先叔侄啧啧称味不置[2]。

[1] 海涂：海岸潮间浅滩。[2] 不置：不停止。

## | 译文 |

麦鱼，产于宁波的滩涂。它通体青色，长达一寸左右。四月麦子成熟时形成鱼汛，所以叫这个名字。它藏身在滩涂的泥穴里，最善于跳跃，难以捕捉。儿童站在两穴中间的地方，两只手分别把着两个出口，待鱼儿逃出就能抓到它，但是也有漏网之鱼。它的味道非常鲜美，鲜鱼和鱼干都非常好吃。捕鱼的人费尽一整天的工夫也只能抓到千条左右，也不过一斤重，所以非常贵重。宁波的黄卜先叔侄对它的美味啧啧称赞不止。

# 钱串鱼

钱串鱼赞：摆摆摇摇，游出宝藏。捆一张皮，卖弄钱样。

**闽中有钱串鱼，身淡青，脊上作深青色。圈纹金黄，内一点黑色。以其圈纹如钱而且黄，故曰“钱串”，亦名“钱捆”。考诸[1]类书“鱼部”，无此鱼，独《福州志》载及。**

[1] 诸：解释为“众多、各”或“‘之于’合音”都通。以《海错图》全书的语言风格看，当是前者。

**| 译文 |**

福建地区产有钱串鱼，身体淡青色，脊背上是深青色的。金黄的圈纹里面有一点黑色。因为它的圈纹像铜钱而且是黄色的，所以叫“钱串鱼”，也叫“钱捆鱼”。考证各种类书的“鱼部”，都没有这种鱼，只有《福州志》记载了。

閩中有錢串魚身淡青脊上作深青色圈紋金黄内一點黑色以其圈紋如錢而且黄故曰錢串亦名錢棚考諸類書魚部無此魚獨福州志載及

錢串魚贊

擺擺搖搖遊出寶藏
棚一貇皮賣弄錢樣

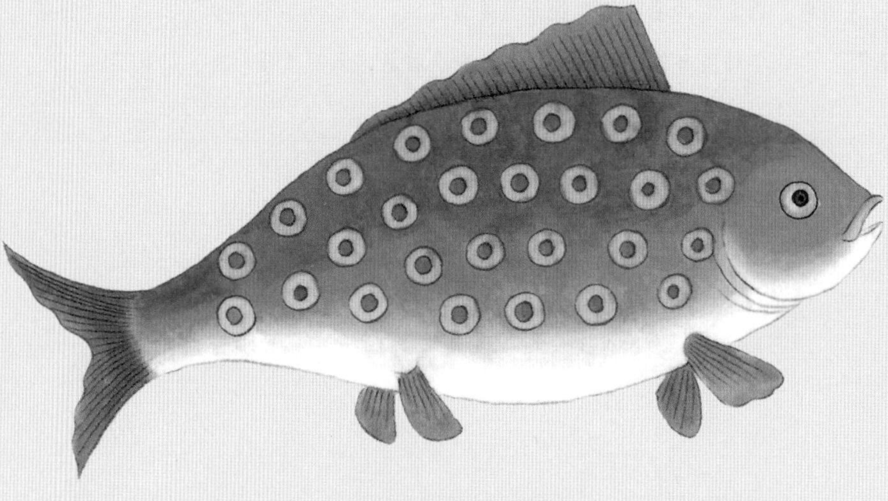

# 带　鱼

带鱼赞：银带千围，满载而归。渔翁暴富，蓬壁生辉。

带鱼，略似海鳗而薄匾，全体烂然如银鱼[1]。市悬烈日下，望之如入武库，刀剑森严，精光闪烁。产闽海大洋。凡海鱼多以春发，独带鱼以冬发，至十二月初仍[2]散矣。渔人藉[3]钓得之。钓用长绳，约数十丈，各缀以钓，约四五百，植一竹于崖石间，拽而张之。俟鱼吞饵[4]，验其绳动则棹舡[5]，随手举起。每一钓或两三头不止。予昔闻带鱼游行，百十为群，皆衔其尾。询之渔人，曰："不然也。凡一带鱼吞饵，则钩入腮，不能脱，水中跌荡不止。乃有不饵者衔其尾，若救之，终不能脱。衔者亦随前鱼之势动摇，后鱼又有欲救而衔之者，然亦不过二三尾而止，无数十尾结贯之事。浪传[6]之言，不足信也。"台湾带鱼，亦发于冬，大者阔尺许，重三十余斤。康熙十九年[7]，王师平台湾，刘国显馈福宁王总镇大带鱼二，共六十余斤。考诸类书，无"带鱼"。《闽志》福、兴、漳、泉、福宁州，并载是鱼。盖闽中之海产也，故浙、粤皆罕有焉。然闽之内海亦无有也，捕此多系漳、泉渔户之善水而不畏风涛者，架船出数百里外大洋深水处捕之。是以禁海之候，偷界采捕者无带鱼，不能远出也。带鱼闽中腌浸，其味薄，其气腥。至江浙，则干燥而香美矣。字书"鱼部"有"鲚[8]鱼"，即指带鱼也。

尺許重三十餘觔康熙十九
年王師平臺灣劉國顯餽福
寧王總鎮大帶魚二共六十
餘觔考諸類書無帶魚閩志
福興漳泉福寧州並載是魚
蓋閩中之海產也故浙粵皆
罕有焉然閩之內海亦無有
也捕此多係漳泉漁戶之善
水而不畏風濤者架船出數
百里外大洋深水處捕之是
以禁海之候偷界採捕者無
帶魚不能遠出也帶魚閩中
醃浸其味薄其氣腥至江浙
則乾燥而香美矣字書魚部
有鰣魚即指帶魚也

帶魚贊

銀帶千圍
滿載而歸
漁翁暴富
蓬壁生輝

帶魚畧似海鰻而薄匾全體爛然如銀魚市懸烈日下望之如入武庫刀劍森嚴精光閃爍産閩海大洋凡海魚多以春蔟獨帶魚以冬蔟至十二月初仍散矣漁人藉釣得之釣用長繩約數十丈各綴以釣約四五百植一竹於崖石間拽而張之俟魚吞餌驗其繩動則棹舡隨手舉起每一釣或兩三頭不止予昔聞帶魚遊行百十為羣皆啣其尾詢之漁人曰不然也凡一帶魚吞餌則鈎入腮不能脫水中跌蕩不止乃有不餌者啣其尾若救之終不能脫啣者亦隨前魚之勢動揺後魚又有欲救而啣之者然亦不過二三尾而止無數十尾結

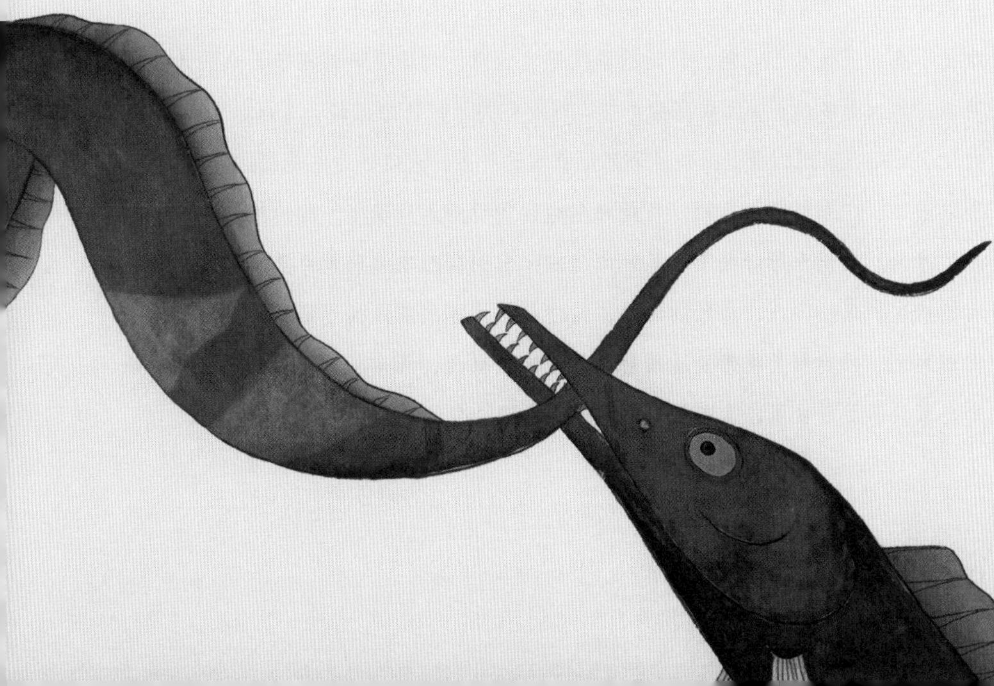

[1] 全体烂然如银鱼：断句为“全体烂然如银”，“鱼”字属下句，亦通。先言“似海鳗”，则此处言“如银鱼”似更恰切。[2] 仍：乃。[3] 藉（jiè）：凭借。[4] 铒：通“饵”，钓鱼食。《玉篇》中解释“铒”为“钩”，此处做“钩”解释，也通。[5] 棹舡（chuán）：本指装有桨的船，这里是撑船、划船的意思。舡：同“船”。[6] 浪传：空传，妄传。[7] 康熙十九年：公元1680年。[8] 鲉：音yóu。

## ｜译文｜

带鱼，大致像海鳗而薄些扁些，全身灿烂像银鱼一样。市场中的鱼贩将它悬挂在烈日下，看上去像进入了武器库，刀剑森严，精光闪烁。这种鱼产于福建海域大洋中。凡是海鱼，大多在春天形成鱼汛，只有带鱼在冬天形成鱼汛，到十二月初才散。渔民会用钓钩来捕捞它。钓这种鱼需用长达数十丈的长绳，分别缀上四五百个钓钩，在崖石间固定一根竹竿，把长绳系在竹梢处甩入水中，等到带鱼吞食鱼饵，上钩后绳子就会有被拖拽迹象，渔夫划动小舟在水面回收绳子，每次能捕获两三条不止。我以前曾听说带鱼百十条为一群，游动时首尾相衔。询问渔民，渔民说：“不是这样。凡是一条带鱼吞饵，则钓钩入腮，不能解脱，在水中摇摆不止。此时就有没吃到鱼饵的带鱼衔住它的尾巴，想要搭救同伴，但还是无法解救。这样就会随着前面那条鱼的动态摇摆，后面的鱼又有想救它们而衔住其尾的，但是也不过就两三条而已，没有几十条鱼衔着尾巴连成一串的。这是没有根据的传言，不足取信。”台湾岛的带鱼也大量出现在冬季，大的宽一尺左右，重三十多斤。康熙十九年，朝廷的军队平定台湾，刘国显馈赠福宁王总兵大带鱼两条，共六十多斤。查阅众多的类书，都没有关于带鱼的记载。《闽志》中福州、兴化、漳州、泉州、福宁州条目下都记载有这种鱼，大概因为它是福建海域所产，所以浙江、广东都很少见到。可是福建地区的近海里也没有，能捕捞到这种鱼的多是漳州、泉州水性好又不怕风浪的渔户，他们驾船出海到数百里外的大洋深处去捕捞这种鱼。因此，海禁的时候，偷偷越界采捕的渔民捕不到带鱼，因为无法出海太远。福建都是将带鱼腌渍后食用，味道很淡，气味腥。到了江浙，人们则是把带鱼晒干后食用，味道更佳。字书“鱼部”有“鲉鱼”，就是指带鱼。

# 血　鳗

血鳗赞：龙战于野，其血玄黄。海鳗吞之，遍体红光。

血鳗，通体皆赤，亦名“红鳗”。产闽海大洋中。其状似鳗而细，背翅至尾末，大而有彩色，口上长咴[1]盘曲为奇。或云在水能直能钩，所以牵物入口也。其肉皆油，不可食，然漳、泉人亦竟有食之者。此物典籍虽缺载，但《字汇·鱼部》有“鰑[2]”字，训[3]“赤鳗”，明指血鳗也。

[1] 古代“嘴”“咴”“喙”和“口”的概念略有不同，“嘴”“咴”“喙”强调的是口突出的部分。[2] 鰑：音yáng。[3] 训：解释词义。

| 译文 |

血鳗，通体都是红色，也叫“红鳗”，产于福建海域大洋中。它的样子像鳗鱼但比鳗鱼细，背翅很大，延伸到尾巴末端，且呈五彩颜色，口上的长嘴盘曲，很是奇怪。有人说这种鱼的嘴在水中能变直也能变成钩状，可以用来钩东西入口。它的肉都是油，不堪食用，但是在漳州、泉州竟然还有人吃这种鱼。这种鱼典籍里虽然缺乏记载，但《字汇·鱼部》里有“鰑”字，解释为“赤鳗”，这分明指的就是血鳗。

血鰻通體皆赤亦名紅鰻産閩海大洋中其狀似鰻而細背翅至尾末大而有彩色口上長喙盤曲為奇或云在水能直能鈎所以牽物入口也其肉皆油不可食然漳泉人亦竟有食之者此物典籍雖缺載但字彙魚部有鯣字訓赤鱺明指血鰻也

血鰻贊

龍戰於野其血玄黄
海鱺吞之遍體紅光

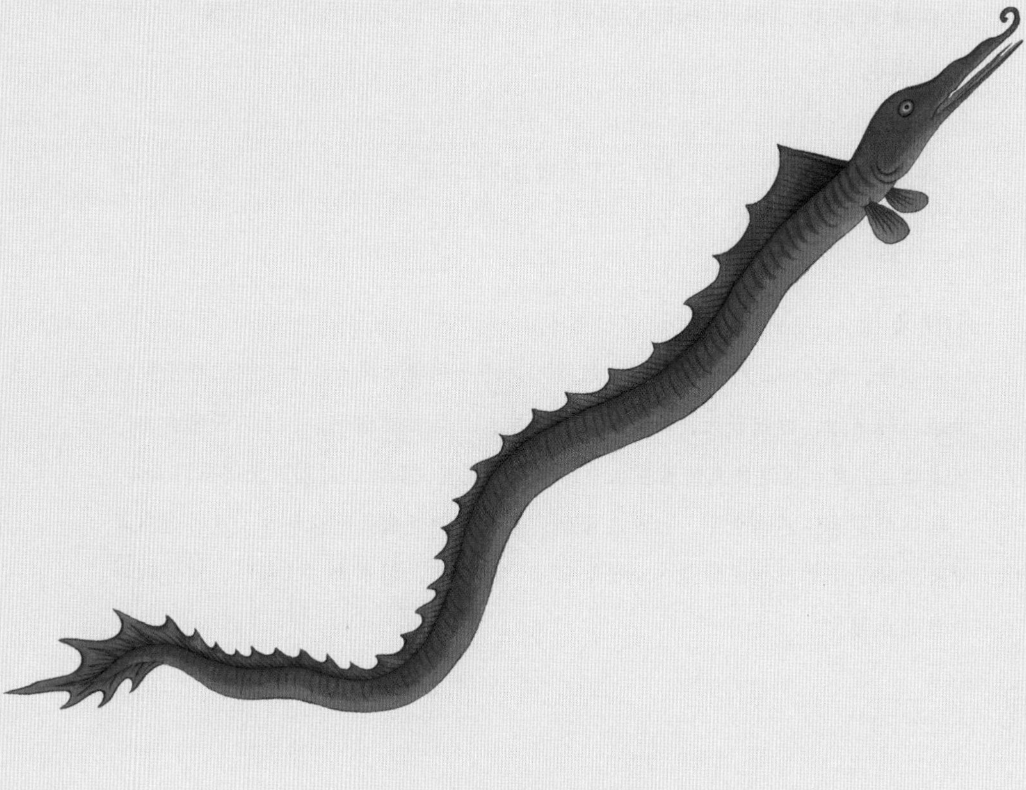

閩海有針魚嘴尖而口藏于其下與竹魚不同其色類銀魚福郡及福州志皆有鱵魚即此也而字彙鱵字但註曰魚名彙苑載針口魚云首戴針芒身五六寸土人多取以為繡針同鍼字彙魚部有鱵字

針魚贊

既有刀鱭更有尺蟶
龍宮補衮尤賴魚針

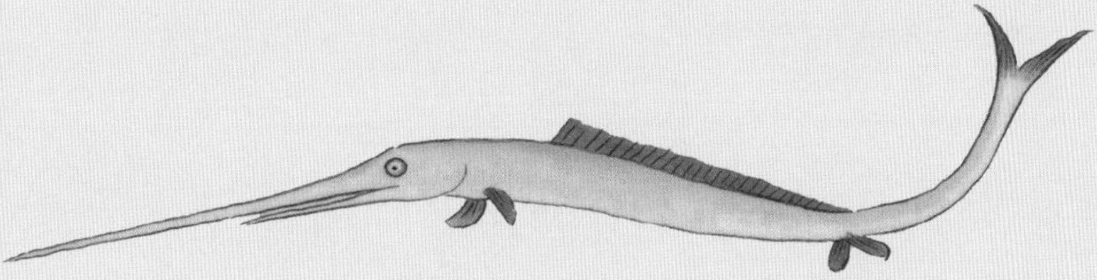

# 针　鱼

针鱼赞：既有刀鮆，更有尺蛏。龙宫补衮，尤赖鱼针。

闽海有针鱼，嘴尖而口藏于其下。与竹鱼不同，其色类银鱼。福郡及福州志皆有“鰔[1]鱼”，即此也。而《字汇》“鰔”字，但注曰“鱼名”。《汇苑》载“针口鱼”，云：首戴针芒，身五六寸，土人多取以为绣。“针”同“鍼[2]”。《字汇·鱼部》有“鰔”字。

[1] 鰔：音jiān。[2] 鍼：同“针”。

｜译文｜

福建海域有一种针鱼，嘴巴尖细而口藏在其尖嘴的下方。跟竹鱼不同，它的颜色类似银鱼。福郡的郡志和福州的州志里都记载有“鰔鱼”，就是这种鱼。而《字汇》里的“鰔”字，只注释说是“鱼名”。《汇苑》里记载有“针口鱼”，说：脑袋上顶着针尖，身长五六寸，当地人多取它头上的针来绣东西。“针”字同“鍼”。《字汇·鱼部》有“鰔”字。

# 跳　鱼

跳鱼赞：尔智善遁，尔遁反踬。入我壳中，怒目而视。

跳鱼，生闽浙海涂。性善跳，故曰“跳鱼”，亦曰“弹涂”。怒目如蛙，侈口[1]如鳢，背翅如旂，腹翅如棹[2]，褐色而翠斑。潮退则穴处海涂。捕者识其性，多截竹管，布插涂上，类如其穴，潮退以长竿击逐，尽入筒中。苟竹罄南山[3]，则鱼嗟竭泽[4]矣。浙中惟台州炙干者味佳，闽中四季广市味鲜，鬻而无炙干，炙干者味薄。张汉逸曰：“一种瘦小者名‘海狗’，无肉，人不捕；一种肥大而色白者，名曰‘颊’，味薄不美。”按：《字汇》“鱢[5]”字曰：“鱼，似鳝”，疑即跳鱼。

[1] 侈口：广口，大口。[2] 棹（zhào）：船桨。[3] 竹罄南山：罄：尽，完。这个成语通常使用比喻义，用来形容人罪恶极多，把南山的竹子砍光了制成竹简也书写不尽。此处用“砍光南山的竹子”的字面意思。[4] 此处化用成语“竭泽而渔”。[5] 鱢：音sāo。

| 译文 |

跳鱼，生在福建和浙江的沿海滩涂。这种鱼生性善于跳跃，所以叫“跳鱼”，也叫“弹涂鱼”。这种鱼瞪着眼睛像青蛙，大口像鳢鱼，背上的翅像小旗，腹部的翅像船桨。它通体棕褐色，点缀有蓝绿色的斑点，潮水退却的时候就穴居在滩涂。捕鱼人了解它的习性，多截取竹筒分散插在滩涂上，样子很像它的洞穴，退潮后用长竹竿击打追赶，跳鱼受惊后见洞就钻，就逃入竹筒里了。假如南山的竹子被砍光了都用来捉鱼，那么恐怕跳鱼就要被捕捞光了。浙江地区只有台州烤成

的跳鱼干味道最好，福建地区四季都卖新鲜的，没有卖跳鱼干的，只因烤成鱼干后味道非常寡淡。张汉逸说：“有一种瘦小的跳鱼叫‘海狗鱼’，没有肉，人们不捉；有一种肥大而白色的，名叫‘颊鱼’，味道淡而且不好吃。”按：《字汇》里“鲻”字的解释是：“鱼，似鳝”，我怀疑说的就是跳鱼。

## 跳魚贊

爾智善避，爾避反躦。
入我彀中，怒目而視。

跳魚生閩浙海塗，性善跳，故曰跳魚，亦曰獐塗。怒目如蛙，侈口如鱧，背翅如旂，腹翅如棹，褐色而翠斑。潮退則穴處海塗，捕者識其性，多截竹管布插塗上，類如其穴，潮退以長竿擊逐，盡入筒中。蔄竹罄南山，則魚嗟竭澤矣。浙中惟台州炙乾者味佳。閩中四季廣市，味鮮，鬻而無炙乾，炙乾者味薄。張漢逸曰：一種瘦小者名海狗，無肉，人不捕；一種肥大而色白者名曰頰，味薄不美。按《字彙》鰷字曰：魚似鱔。疑即跳魚。

# 空头鱼

空头鱼赞：有鱼头空，来自何方？姑苏出海，游入闽洋。

空头鱼，头硬而空，无鳞无肉，止坚皮包其骨，不堪食。小儿以木击其首，如梆声。腹亦虚，可注水一碗。背黄黑色而腹白。渔人不识其名，强名之曰“空头”。腾云子曰：此鱼产海洋深水中。

|译文|

空头鱼，头硬而中空，没有鳞没有肉，仅有一层坚硬的皮包着鱼骨，不堪食用。小孩子用木头敲打它的脑袋，声音像梆子一样。它的肚子也是空的，能装进去一碗水。它的背部为黄黑色而腹部为白色。渔民不知道它的名字，勉强称它为“空头鱼”。腾云子说：这种鱼产自海洋深水中。

空頭魚頭硬而空無鱗無肉止堅皮包其骨不堪食小兒以木擊其首如梆聲腹亦虛可注水一碗背黃黑色而腹白漁人不識其名强名之曰空頭騰雲子曰此魚産海洋深水中

空頭魚贊

有魚頭空　来自何方

姑蕪出海　遊入閩洋

鼠鮎魚産浙閩海上頭尾全似鼠身灰白無鱗而有翅嘴傍有毛似鼠之有鬚大者不過重二觔可食考之彙苑云海中有魚曰鼠鮎其尾如鼠而善食鼠每鮎鼠則揭尾于沙塗鼠見之以為彼且失水矣舐其尾將啣之鼠鮎即轉首囓齒攝鼠入水以去狼籍其肉羣蝦亦食之是即此魚也滕際昌曰魚形狀全類鼠特少足耳然在水游行如鼠多及登泥塗如蚯蚓曲躬而進趑趄不前之狀亦如鼠誘鼠而食雖不及見想亦宜然漳郡陳潘含曰此魚閩海亦有日則水面浮行夜嘗栖托岩穴故老相傳寔鼠所化

鼠鮎魚賛

魚而鼠狀　無足能行

以尾為囮　包藏禍心

# 鼠鲇鱼

鼠鲇鱼赞：鱼而鼠状，无足能行。以尾为囮，包藏祸心。

鼠鲇鱼，产浙闽海上。头尾全似鼠，身灰白，无鳞而有翅，嘴傍[1]有毛，似鼠之有须。大者不过重二斤，可食。考之《汇苑》云：海中有鱼曰“鼠鲇”，其尾如鼠而善食鼠。每绐[2]鼠则揭尾于沙涂，鼠见之，以为彼且失水[3]矣。舐[4]其尾，将衔之，鼠鲇即转首厉齿，撮鼠入水以去，狼籍[5]其肉，群虾亦食之，是即此鱼也。滕际昌曰：“鱼形状全类鼠，特少足耳。然在水游行如鼠，多[6]及登泥涂，如蚯蚓曲躬而进，趑趄[7]不前之状亦如鼠。诱鼠而食，虽不及见，想亦宜然[8]。”漳郡陈潘舍曰：“此鱼闽海亦有，日则水面浮行，夜尝栖托岩穴，故老相传，实鼠所化。”

[1] 傍（páng）：同“旁”。[2] 绐（dài）：欺骗。[3] 失水：失足落水。[4] 舐（shì）：舔。[5] 狼籍：应为“狼藉”，杂乱不堪。[6]“多”字疑为衍文，译文未译。[7] 趑趄（zī jū）：行走困难，想前进却又不敢前进，犹豫徘徊的样子。[8] 宜然：应该是这样。

## | 译文 |

鼠鲇鱼，产于浙江、福建海域。头部和尾部完全像老鼠，身体呈灰白色，没有鳞但有鳍翅，嘴旁有毛，就好像老鼠长着胡须。这种鱼体形大的不过二斤重，可以食用。查证《汇苑》，里面说：海中有鱼名叫“鼠鲇”，它的尾巴像老鼠的尾巴，擅长捕食老鼠。它常常欺骗老鼠，在沙滩上亮出尾巴作为诱饵，老鼠见了，以为是同类失足落水了，就过去舔它的尾巴，在将要衔住拖拽的时候，鼠鲇转头亮出利齿，叼着老鼠钻入水中游走了。鼠鲇把老鼠的肉咬得杂乱不堪，群虾也围而食之。《汇苑》里说的就是这种鱼。滕际昌说：“这种鱼的形状完全像老鼠，只是没有脚而已。然而这种鱼在水里游走像老鼠一样，等到它登上泥滩，就像蚯蚓一样蠕动前进，徘徊不前的样子也很像老鼠。它诱捕老鼠的事情，虽然我没亲眼见到，但想来也应该是这样。”漳郡的陈潘舍说：“这种鱼在福建海域也有，白天就在水面漂浮游动，晚上栖身于海边的岩缝里。据老人们说，它是老鼠变的。”

# 头　鱼

头鱼赞：头鱼银鳞，灿烂辉煌。如烹小鲜，于汤有光。

头鱼，产闽海。春初繁生[1]，渔人以布网罗之。其色如银，夜中生光，腌鲜皆可食。或谓即鲻鱼苗也。又谓大则能变海中杂鱼。予谓鲻鱼土性，或食杂鱼之涎，有可变之道。

[1] 繁生：繁殖生长。

| 译文 |

头鱼，产于福建海域。初春的时候繁殖生长，渔民用布网捕捞。它的颜色银亮，在晚上闪闪发光，腌制的和新鲜的风味都不错。有人说它就是鲻鱼苗，还有人说它长大了就能变成海中各种鱼。我认为鲻鱼属于土性，可能它吃了各种鱼的涎沫，确有变化的可能。

頸魚產閩海春初繁生漁人以布網羅之其色如銀夜中生光醃鮮皆可食或謂即鯔魚苗也又謂大則能變海中雜魚予謂鯔魚土性或食雜魚之涎有可變之道

頸魚贊

頸魚銀鱗
燦爛輝煌
如烹小鮮
於湯有光

蠔魚產下南海中專食蠣肉兩邊有刺各七在水張之出水則刺歛于身旁凡蠣潮来開口此魚以氣吹之則不能合以刺撥出其肉啖之其形長僅四寸背綠無鱗蠔字註曰蚌屬蓋即蠣也粵人呼蠣爲蠔字彙有鱱字疑即是魚

蠔魚贊

魩魚垂刃蠔魚橫刺

十轂幾何二七十四

# 蠔　鱼

蠔鱼赞：鰳鱼垂刃，蠔鱼横刺。十数几何，二七十四。

蠔[1]鱼，产下南海中，专食蛎肉。两边有刺[2]各七，在水张之，出水则刺敛于身旁。凡蛎，潮来开口，此鱼以气吹之则不能合，以刺拨出其肉，啖之。其形长仅四寸，背绿无鳞。“蠔”字注曰“蚌属”，盖即蛎也。粤人呼蛎为“蠔”。《字汇》有“鱺[3]”字，疑即是鱼。

[1] 蠔（háo）：同“蚝”。[2] 刺：《海错图》原文误作“剌”，据文意改。[3] 鱺：音lǐ。

**｜译文｜**

蠔鱼，产于南海南部，专门吃蛎肉。它的脊背两边各有七根刺，在水里的时候就张开，出水之后刺就收敛在身旁。凡是牡蛎，在涨潮的时候会张开口，蠔鱼趁机对它吹气，使它不能闭合，然后用刺挑出它的肉吃掉。它的外形长仅四寸，背部绿色，没有鳞。“蠔”字的注释是“蚌类”，也就是牡蛎。广东人称蛎为“蠔”。《字汇》有“鱺”字，可能就是指这种鱼。

# 海　鰌

海鰌赞：海中大物，莫过于鰌。身长百里，岂但吞舟！

海鰌，《字汇》从“酋”不从“秋”。愚谓“酋”，健而有力也，故曰“酋劲”[1]。是以古人称蛮夷，以野性难驯为“酋”。今鱼而从“酋”，其悍可知。即今河泽泥鰌虽至小，亦倔强难死。海鰌之为海“鰌”，可想见矣。《字汇》惜未痛快解出。《尔雅翼》称：海鰌大者长数十里，穴居海底，入穴则海溢为潮。《汇苑》载：海鰌长者直百余里，牡蛎聚族其背，旷岁[2]之积，崇[3]十许丈。鰌负以游，鰌背平水则牡蛎崥屼[4]如山矣。又闻海人云：“海鰌斗则潮水为之赤。”愚按：海鰌甚大，多游外洋，即小海鰌，网[5]中亦不易得，难识其状。闻洋客云日本人最善捕，云其形头如犊牛而大，遍身皆蛎房攒嘬[6]，与《汇苑》之说相符。予因得其意而图其背，欲即以此大畅海鰌之说。康熙丁卯[7]，偶于山阴道[8]上遇舶贾[9]杨某，三至日本。偕行三日，尽得其说，笔记其事为十八则。后复访之苏杭舶客，斟酌是非，集为《日本新话》，附入《闻见录》，海鰌之说则绪余[10]也。据洋客云，日本渔人以捕海鰌为生意[11]，捐重。本人数百渔船，数十只出大海，探鰌迹之所在，以药枪标之。鰌身体皆蛎房[12]，壳甚坚，番人验背翅可容枪处，投之药枪数百枝，枪颈[13]皆围锡球令重，必有中其背翅可透肉者，鰌觉之，乃舍窠穴游去；半日仍返故处，又以药枪投之，鰌又负痛去；去而又返，又投药枪。如是者三，药毒大散，鰌虽巨，惫甚矣。诸渔

可透肉者鰌覺之乃含窠穴遊去半日仍返故處又以藥鎗投之鰌又負痛去去而又返又投藥鎗如是者三藥毒大散鰌雖巨憊甚矣諸漁人乃聚舟以竹綆牽拽至淺岸長數十丈不等臠肉以為油市之日本燈火皆用鰌油而傘扇器皿雨衣等物皆需之所用甚廣是以一鰌常獲千金之利惟腸可食其脊骨則以為舂臼其至大者靈異難捕往往浮遊島嶼間背殼巉崒如大山舶人不識多有悞登其上借路以通樵汲者取舶客之論以叅載籍之所記可謂偉觀矣夫海鰌無鱗甲者也狡獪之性必故受陽和滋生諸殼以為一身之捍衛嘗聞山猪每蹭松樹令出油以身摩擦皮毛膠粘滚受沙土如是者數數久之其皮堅厚如鐵石不但刃人刀鏃不能入即虎狼牙爪亦不能傷觀於海魚山獸之用心自衛如此人間勇士可忘甲冑哉

海鰌之背嘗有兒鰌伏其上海人所得之鰌皆兒鰌也

海中大物莫如海鰌珠璣藪云長數千里予未之信及閱蘇州府志載明末海上有大魚過崇明縣八日八夜始盡事類賦所載七日而頭尾盡者居然伯仲矣其餘邊海州縣所誌灘上死魚長數十丈不等者不𣹢乎小哉木元虛海賦曰魚則橫海之鯨突兀孤遊巨鱗刺雲洪鬣插天頭顱成岳流血為淵海人云舟師樵汲常悞魚背以為山又云海鰌闘則海水為之盡赤此成岳為淵之明驗也

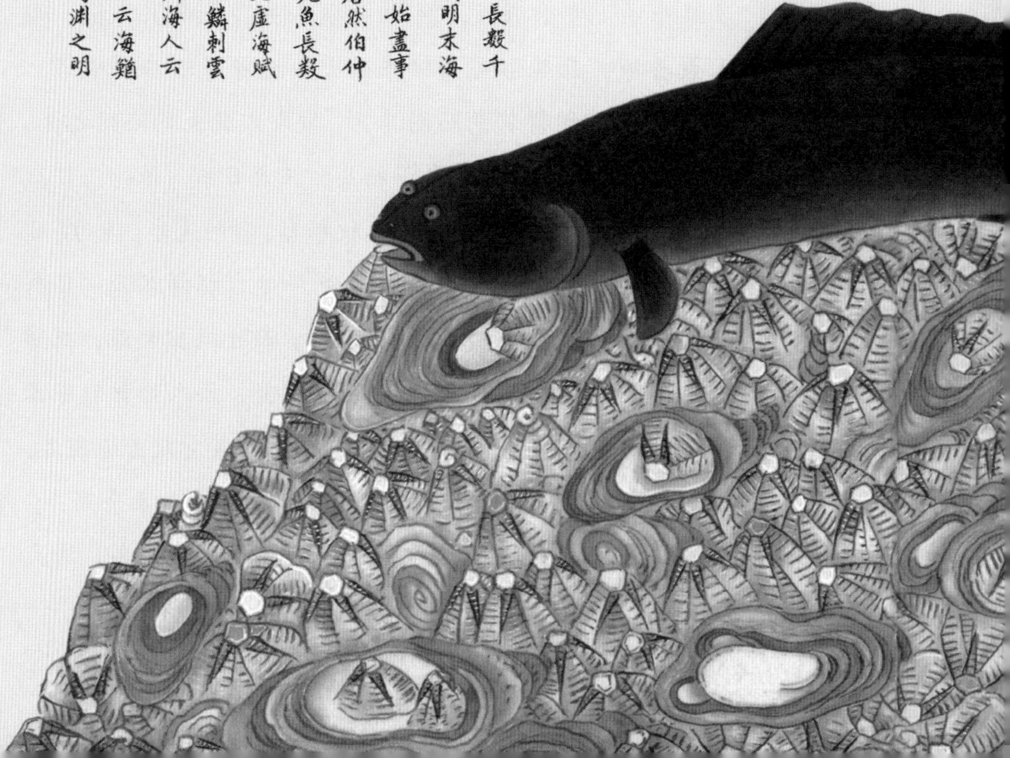

海鰌字彙從酋不從秋愚謂酋健而有力也故曰酋勁是以古人稱蠻夷以野性難馴為酋今魚而從酋其悍可知即今河澤泥鰌雖至小亦倔強難死海鰌之為海鰌可想見矣字彙惜未痛快解出爾雅翼稱海鰌大者長數十里穴居海底入穴則海溢為潮彙苑載海鰌長者亘百餘里牡蠣聚族其背曠歲之積崇十許丈鰌負以遊鰌背平水則牡蠣嵂屼如山矣又聞海人云海鰌鬬則潮水為之赤愚按海鰌甚大多遊外洋即小海鰌網中亦不易得難識其狀聞洋客云日本人家善捕云其形頭如犢牛而大徧身皆蠣房攢嘬與彙苑之說相符予因得其意而圖其背欲即以此大暢海鰌之說康熙丁卯偶於山陰道上遇舶賈楊某三至日本偕行三日盡得其說筆記其事為十八則後復訪之蘇杭舶客斟酌是非集為日本新話附入聞見録海鰌之說則緒餘也據洋客云日本漁人以捕海鰌為生意捐重本人數百漁船數十隻出大海採鰌跡之所在以藥鎗標之鰌身體皆蠣房殼甚堅

海鰌贊

海中大物
莫過於鰌
身長百里
豈但吞舟

人乃聚舟，以竹绠[14]牵拽至浅岸，长数十丈不等。脔肉以为油，市之。日本灯火皆用鳍油，而伞扇器皿雨衣等物皆需之，所用甚广，是以一鳍常获千金之利。惟肠可食，其脊骨则以为舂臼。其至大者灵异难捕，往往浮游岛屿间，背壳巉崒[15]如大山。舶人不识，多有误登其上，借路以通樵汲[16]者。取舶客之论以参载籍之所记，可谓伟观[17]矣。夫海鳍，无鳞甲者也，狡狯[18]之性，必故受阳和[19]，滋生诸壳，以为一身之捍卫。尝闻山猪每啮松树，令出油，以身摩揉皮毛，胶粘滚受沙土，如是者数数。久之，其皮坚厚如铁石，不但猎人刀镞不能入，即虎狼牙爪亦不能伤。观于海鱼山兽之用心自卫如此，人间勇士可忘甲胄哉？

海鳍之背尝有儿鳍伏其上。海人所得之鳍，皆儿鳍也。

海中大物，莫如海鳍。《珠玑薮》云长数千里，予未之信。及阅《苏州府志》，载明末海上有大鱼过崇明县，八日八夜始尽。《事类赋》所载七日而头尾尽者，居然伯仲矣。其余边海州县所志滩上死鱼长数十丈不等者，不渺乎小哉？木元虚[20]《海赋》曰："鱼则横海之鲸，突兀孤游"，"巨鳞刺云，洪鬣插天，头颅成岳，流血为渊。"[21]海人云："舟师[22]樵汲，常误鱼背以为山。"又云："海鳍斗则海水为之尽赤。"此"成岳""为渊"之明验也。

---

[1] 据清人朱骏声《说文通训定声》，"酋"常假借为"遒"。[2] 旷岁：经年，长年。[3] 崇：高。[4] 嵂屼（lù wù）：高耸。[5] 纲：大网。[6] 嘬（chuài）：咬。[7] 康熙丁卯：康熙二十六年，公元1687年。[8] 山阴道：浙江绍兴附近的古代官道。山阴，旧县名，在今浙江绍兴，境内山水美景甚多。[9] 舶贾（gǔ）：往来国外的商人。[10] 绪余：抽丝后残留在蚕茧上的丝。借指事物之残余或主体之外所剩余者。[11] 生意：生计，生活。[12] 房：在本书中指甲壳类动物的甲壳。[13] 枪颈：枪头上与枪杆连接的筒状部分。[14] 绠（gěng）：一节一节收放的绳索。[15] 巉崒（chán zú）：险峻。[16] 樵汲：打柴汲水。[17] 伟观：壮伟的景象、大观。[18] 狡狯

（kuài）：狡诈奸猾。[19] 阳和：阳气。[20] 木元虚：木华，字玄虚（清代避康熙皇帝讳改“玄”为“元”），西晋辞赋家，作有《海赋》。[21] 此处所引与《海赋》原文稍有不同，《海赋》原文作：“鱼则横海之鲸，突扤（wù）孤游”，“巨鳞插云，鬐（qí）鬣刺天，颅骨成岳，流膏为渊”。[22] 舟师：船夫，舵手。

## | 译文 |

海䲡，“䲡”字在《字汇》里从“酋”不从“秋”。我认为，“酋”是强健有力的意思，所以才有“遒劲”这个词。古人称呼蛮夷，是因为他们野性难驯而称之为“酋”。现在，这种鱼的名字从“酋”，它的强悍可想而知。即便是河泽泥䲡，虽然非常小，也刚强不屈，轻易不会死掉。海䲡之所以叫海“䲡”，就可想而知了。可惜的是《字汇》未能对这个字给出透彻的解释。《尔雅翼》称：海䲡大的长达几十里，穴居在海底，进入巢穴则海水溢出成为潮水。《汇苑》记载：海䲡长的可达百余里，有牡蛎寄居在它的背上，常年积累，高达十多丈。海䲡背着它们游动，䲡背与水面相平时，则牡蛎高耸得像山一样。又听常年生活在海边的人说：“海䲡争斗，潮水会变成红色。”愚按：海䲡非常大，大多游在外洋，哪怕是小海䲡，张网也不容易捕获，因此世人难以认识它的形貌。听出过洋的人说，日本人最善于捕捉海䲡，说它头像牛犊，但比牛犊大，全身堆积有牡蛎和藤壶，跟《汇苑》里的说法相符。我于是领会了大意，并且画下它的后背，想借此让世人对海䲡有所了解。康熙二十六年，我偶然在绍兴遇到了往来国外的商人杨某，他曾经三次到过日本。我跟他结伴而行了三天，听其讲述在域外的所见所闻，并用笔记录了相关事例十八条。后来又寻访苏州、杭州等地的海员，斟酌推敲这些说法的对错，结集成《日本新话》，附入《闻见录》，海䲡之说则是些旁枝末节。据出洋的人说，日本渔民以捕海䲡为生，赋税很重。捕海䲡的船队有几百条渔船，其中几十只能出大海探寻海䲡的踪迹。渔民找到之后，用带毒药的标枪掷向它。海䲡的身体上都是牡蛎，牡蛎壳非常坚硬。东洋人瞄准它后背和翅上可以容枪的地方，一次投掷数百枝药枪，枪颈上都缀着锡球使它增重，其中必定有能刺中它的背和翅并能扎进肉的。海䲡惊醒了，就舍弃巢穴游走了。半天后仍然返回原来的地方，渔民就又用药枪投射它，海䲡又忍痛离去；去了又返回，渔民又投药枪。

像这样反复多次，药的毒性大大扩散，海䲡虽然巨大，但也被折腾得极度疲惫了。众渔民就聚集船只，用绳子把它牵拽到较浅的岸上。海䲡长达几十丈不等，人们切下它的肉炼成油来卖。日本的灯火都用䲡油，而伞、扇子、器皿、雨衣等物品的制作也需要䲡油。䲡油的用处非常广，因此捉到一条海䲡常能够获利千金。海䲡只有肠子可以吃，它的脊骨可以制成舂臼。特别大的海䲡非常灵异，难以捕捉，它们往往浮游在岛屿之间，背上的牡蛎险峻得像一座大山。有的水手不认识，常常错登到上面，以为借此可上岛打柴汲水。听取船夫的评论，再参照书籍的记载，真可谓世界奇观。海䲡是没有鳞甲的动物，具有狡诈奸猾的性格，所以一定要接受阳气，滋生各种甲壳，作为捍卫身体之用。我曾听说山猪经常啃咬松树，让它出油，然后用身体在松树上摩擦皮毛，让它像胶一样黏在身上，然后在地上打滚，粘上沙土，像这样反复多次。时间长了，它的皮坚固厚实得像铁石一样，不但猎人的刀砍不进去、箭射不进去，即便是虎狼的爪牙也不能伤害它。看到海里的鱼类和山上的兽类如此用心保卫自己，人间的勇士怎能忘了甲胄呢？

海䲡之背常有幼崽伏在身上。渔民所捕获的䲡，都是幼崽。海中没有比海䲡更大的生物了。《珠玑薮》里说它长达几千里，我很是怀疑。等我阅读《苏州府志》，看到里面明确记载：明末的时候，海上有大鱼经过崇明县，八日八夜才游过。《事类赋》所载的七天才从头到尾走完的情况，竟然跟这个不相上下。其余临海的州县所记载的海滩上死鱼长几十丈不等的，相比之下不显得渺小吗？木华的《海赋》里描写："横渡大海的巨鲸，背鳍高耸，独自遨游"，"巨鳞插入云霄，背鳍刺破苍天，颅骨堆成山岳，积血化为深渊"。常年生活在海边的人说："船夫打柴汲水，常常错把这种鱼背当成山。"又说："海䲡争斗则海水因此全变成红色。"可见《海赋》里说的"堆成山岳""化为深渊"是可信的。

# 蛟

蛟赞：蛟首无角，蛟身无鳞。修成鳞角，嘘气成云。

《说文》云：“蛟，龙属也。无角曰‘蛟’。池鱼满三千六百，蛟来为之长，能率群鱼而飞。置笱于水，则蛟去。[1]”字书云：蛟，无角，似蛇，颈上有白婴[2]，四脚。郭璞云：“蛟，大数十围[3]，卵生，子如一二斛，能吞人。”张揖[4]云：“蛟状鱼身而蛇尾，皮有珠。”《广雅》载五种龙：“有鳞曰‘蛟龙’，有翼曰‘应龙’，有角曰‘虬龙’，无角曰‘螭龙’，未升天曰‘蟠龙’[5]。”《述异记》曰：虺[6]五百年化为蛟，蛟千年化为龙，龙五百年为角龙，又五百年为应龙。又曰：“龙珠在颔，蛟珠在皮。”愚按：今世画家多画龙而鲜[7]画蛟，即人意想中，亦止识龙之为龙，而未解蛟之为蛟果何状也。考诸书，蛟无角，鱼身而蛇尾。其状虽如此，然犹未悉也。尝闻蛟起陵谷，必有洪水横流，地陷山崩，随风雷而出，乘忤者必坏田庐，圮[8]桥梁，漂没禾苗人畜。往往人多有见之者，云其状似牛首，初出局促如牛体，入江河则长大，身尾鳞爪如龙身矣。《述异记》所云，虺五百年化为蛟，正此物也。夫虺焉能化蛟？其说见雉与蛇交变化所致也。兹不多赘。大约蛟有蛟种，变蛟者又是一种。如龙自有龙种，而变龙者又是一种。郭璞云“蛟卵生”，可知蛟自有种类矣。而《述异记》：蛟千年化龙，则蛟又能为龙矣。由蛇而蛟，由蛟而龙，积累之功，多历年所，然后至此。譬之学人，由凡民而入贤关，由贤关而登圣域，岂一朝一夕卤莽灭裂[9]之所能几及乎？龙珠在颔，所谓“骊龙颈下珠[10]”是矣。蛟珠在皮，疑未是，必因张揖所云“皮有珠”而误拟也。大约蛟无鳞，缀珠纹于皮，如鲨鱼皮状，故解鲨者亦云。皮有珠，非珍珠之珠也。《广雅》“有鳞曰‘蛟龙’”，可知无鳞但称“蛟”，有鳞则蛟而龙矣。此说当俟高明再辨。郭璞谓“蛟能吞人”，恶蛟蛇性鹰眼未化，或致吞人畜如鳄鱼，然验于周处之斩蛟[11]可知矣。古称蛟龙非池中物，谓浅水不能留恋蛟龙也。乃《说文》云“池鱼满三千六百则蛟来为之长”，何与[12]？盖为长者，欲率群鱼而飞，以归江海，非为池中之长也。蛟引鱼去，其迹虽无人见，然畜池鱼者往往值大风雨多失去，似必有神物以挟之而俱去也。蛟龙虽不恋恋于池中，然在海中，大约龙有龙之潭，蛟有蛟之穴，疑必就海山有淡水涌出处聚之。吾浙宁波海口有蛟门，两山并峙，其下亘古以来为蛟之宅穴。凡海舟过此，舵师必预戒一舟莫溺[13]、莫语、莫谑笑，否则蛟觉必起，波漩浪卷，舟立危矣。蛟之有穴，不昭然可信哉？昔孙思邈[14]之善画龙也，必见真龙，始肖其形。兹未见蛟而图厥状，以俟得亲见蛟者辨正之。

[1]《说文》原文“属”字后无“也”字，且有“从虫，交声”。笱（gǒu）：竹制捕鱼器，大腹、大口、小颈，颈部装有倒须，鱼入而不能出。一般安放在堰口。[2] 婴：同“缨”。[3] 围：量词。两只手的拇指和食指合拢起来的长度，或两只胳膊合拢起来的长度为一围。[4] 张揖：字稚让，三国魏训诂学家。张揖著述甚丰，但大多散佚，只有《广雅》流传至今。[5]《广雅》原文只提及前四种，并无“蟠龙”。[6] 虺（huǐ）：古书上说的一种毒蛇。[7] 鲜（xiǎn）：少。[8] 圮（pǐ）：毁坏，坍塌。[9] 灭裂：言行粗疏草率。[10] 骊龙颔下有珠的典故出自《庄子·列御寇》：“千金之珠，必在九重之渊而骊龙颔下。”[11] 周处（chǔ）斩蛟的典故见于《晋书·周处传》和《世说新语》。周处少年时横行乡里，当地人把他跟水中蛟龙和南山猛虎并称为“三害”，后来周处悔过自新，刺虎斩蛟，为民除害。[12] 与（yú）：通“欤”。表示疑问或反问，跟“吗”或“呢”相同。[13] 溺（niào）：同“尿”。[14] 孙思邈（541？或581？—682），唐代医药学家，被后人尊称为“药王”，著有《千金方》等。

## | 译文 |

《说文》里说：“蛟，是龙一类的动物。没有角的叫‘蛟’。池塘里的鱼达到三千六百条，就有蛟来做它们的首领，带领群鱼飞走。把捕鱼的竹笱放在水中，蛟龙就离开了。”字书里说：蛟，没有角，像蛇，颈上有白缨，四只脚。郭璞说：“蛟，大几十围，卵生，产的子大概有一二斛，能吞人。”张揖说：“蛟的样子是鱼身蛇尾，皮上有珠。”《广雅》里记载了五种龙：“有鳞的叫‘蛟龙’，有翅的叫‘应龙’，有角的叫‘蛇龙’，没有角的叫‘螭龙’，未升天的叫‘蟠龙’。”《述异记》里说：蛇经过五百年变成蛟，蛟经过一千年变成龙，龙经过五百年变成角龙，又经过五百年变成应龙。又说：“龙的珠子在颔下，蛟的珠子在皮上。”愚按：今世画家多画龙而很少画蛟，这是因为在世人的观念里，仅仅认识龙，而不知道蛟到底是什么情况。考证各种书籍，里面说蛟没有角，外形是鱼的身体蛇的尾巴。情况虽然是这样，但仍然不全面。曾听说蛟龙从丘陵和山谷腾飞，一定会洪水横流、地陷山崩，随着风雷而出。谁冒犯它，它一定毁坏田地和房屋，摧毁桥梁，淹没禾苗人畜。人们往往有见到它的，说它的样子好像牛头，刚出来时身形短小，像牛的身体，进入江河就变得又长又大，身体尾巴和鳞片爪子都像龙的身体了。《述异记》里所说的，蛇经过五百年变成蛟，正是这东西。蛇怎么能变成蛟呢？这种说法是见到了雉和蛇交配衍化而产生的，在这里就不多说了。大概蛟有蛟种，能变成蛟的又是一种。就好像龙本来有龙种，能变成龙的又是一种。郭璞说“蛟是卵生的”，由此可知，蛟是自有种类的。而《述异记》里说：蛟经过千年变成龙，那么蛟又能变成龙了。由蛇变成蛟，由蛟变成龙，积累之功，经历好多年才能幻化成功。就好像学习的人，由凡民而入贤关，由贤关而登圣域，怎么能是一朝一夕马虎轻率就能达到的呢？龙的珠子在颔下，所谓“骊龙颈下珠”说的正是它。“蛟的珠子在皮上”，我怀疑不是这样，一定是因为张揖所说的“皮有珠”而得出的错误结论。大概蛟没有鳞，缀珠纹在皮上，就像鲨鱼皮的样子，所以分割鲨鱼的人也这样形容鲨鱼。张揖所说的“皮有珠”，不是珍珠那样的珠子。《广雅》里说“有鳞的叫‘蛟龙’”，可知没有鳞的只称“蛟”，有鳞的就是由

下珠是矣蛟珠在皮疑未是必因張揖所云皮有珠而悞擬也大約蛟無鱗綴珠紋於皮如鯊魚皮狀故觧鯊者亦云皮有珠非珍珠之珠也廣雅有鱗曰蛟龍可知無鱗但稱蛟有鱗則蛟而龍矣此說當俟高明再辨郭璞謂蛟能吞人惡蛟蛇性鷹眼未化或致吞人畜如鱷魚然驗於周處之斬蛟可知矣古稱蛟龍非池中物謂淺水不能留戀蛟龍也乃說文云池魚滿三千六百則蛟来為之長何與蓋為長者欲率群魚而飛以歸江海非為池中之長也蛟引魚去其跡雖無人見然畜池魚者往往值大風雨多失去似必有神物以挾之而俱去也蛟龍雖不戀戀於池中然在海中大約龍有龍之潭蛟有蛟之穴疑必就海山有淡水湧出處聚之吾浙寧波海口有蛟門兩山並峙其下亘古以来為蛟之宅穴凡海舟過此舵師必預戒一舟莫溺莫語莫譊笑否則蛟覺必起波漩浪捲舟立危矣蛟之有穴不昭然可信哉昔孫思邈之善畫龍也必見真龍始肖其形茲未見蛟而圖厥狀以俟得親見蛟者辨正之

蛟贊

蛟首無角蛟身無鱗
脩成鱗角噓氣成雲

說文云蛟龍屬也無角曰蛟池魚滿三千六百蛟來為之長能率羣魚而飛置笱於水則蛟去字書云蛟無角似蛇頸上有白嬰四脚郭璞云蛟大數十圍卵生子如一二斛能吞人張揖云蛟狀魚身而蛇尾皮有珠廣雅載五種龍有鱗曰蛟龍有翼曰應龍有角曰虯龍無角曰螭龍未升天曰蟠龍述異記曰虺五百年化為蛟蛟千年化為龍龍五百年為角龍又五百年為應龍又曰龍珠在頷蛟珠在皮愚按今世畫家多畫龍而鮮畫蛟即人意想中亦止識龍之為龍而未鮮蛟之為蛟果何狀也考諸書蛟無角魚身而蛇尾其狀雖如此然猶未悉也嘗聞蛟起陵谷必有洪水橫流地陷山崩隨風雷而出乘忤者必壞田廬圮橋梁漂沒禾苗人畜往往人多有見之者云其狀似牛首初出蹈促如牛體入江河則長大身尾鱗爪如龍身矣述異記所云虺五百年化為蛟正此物也夫虺焉能化蛟其說見雉與蛇交變化所致也茲不多贅大約蛟有蛟種變蛟者又是一種如龍自有龍種而變龍者又是一種郭璞云蛟卵生可知蛟自有種類矣而述異記蛟千年化龍則蛟又能為龍矣由蛇而蛟由蛟而龍積累之功多歷年所然後至此

蛟变为龙了。这种说法应该等高明的人来辨析。郭璞说“蛟能吞人”，恶蛟的蛇性和鹰眼还没有变，或者导致它吞吃人畜像鳄鱼一样，由周处斩蛟一事来验证就可以知道了。古人说蛟龙并非池中之物，说的是蛟龙不愿留恋浅水。至于《说文》里说“池塘里的鱼满三千六百条就有蛟来当它们的首领”，为什么呢？大概是因为蛟龙做首领，要带领群鱼飞走，以回归江海，不是去做池塘里的首领。蛟带领着鱼离开，这事儿虽然没有人见到，但养在池塘里的鱼往往在大风雨时消失，必定是有神物挟裹着它们一起离开了。蛟龙不留恋于小水池中，只因志在大海，大约龙有龙的水潭，蛟有蛟的洞穴，我怀疑它一定在这海山有淡水涌出的地方。我们浙江宁波入海口有蛟门，两山对峙，山下面自古以来就是蛟的宅穴。凡海船经过这里，船长一定预先警告全船的人不要往水里小便，不要乱说话，不要嬉戏玩笑，否则蛟被惊醒了一定会飞腾而起，波漩浪卷，船立刻就危险了。蛟有穴，这不是确证无疑的吗？当初孙思邈擅长画龙，一定是见到了真龙，才能把它的样子画得很像。现在我没见到蛟却画出它的样子，就等着亲眼见到的人来辨别指正吧。

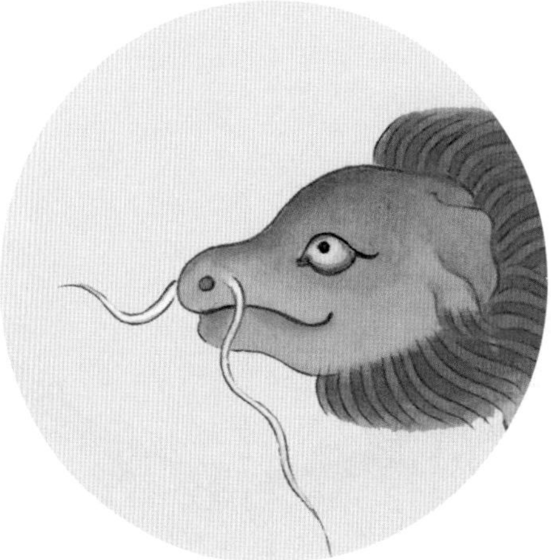

# 闽海龙鱼

闽海龙鱼赞：鰢鱁魫鱙，鱼状皆有。更变龙形，凡类难偶。

龙鱼，产吕宋[1]、台湾大洋中。其状如龙，头上一刺如角，两耳、两髯而无毛，鳞绿色，尾三尖而中长，背翅如鱼脊之旗，四足，爪各三指，而胼如鹅掌。然网中偶然得之，曝干可为药。康熙二十六年[2]，漳州浦头地方网户[3]载一龙鱼，长丈许，重百余斤。城中文武俱出郭视之。畀之上涯，盘于地中亦活，喜食蝇，每开口吸食之。考《闽志》，有“龙虾”而无“龙鱼”，似乎近年大开海洋始可得也。《高州府志》：海中有鱼似龙，曰“龙鲤”，与此迥异。又，峨眉山及太姥[4]山池中并有龙鱼，如蜥蜴状，绿背岐尾而有四爪。名胜之区，要亦神龙之所幻迹也。此图屡经易稿，后遇漳郡陈潘舍，始考验得实。

[1] 吕宋：菲律宾北部岛屿。[2] 康熙二十六年：公元1687年。[3] 网户：渔户。[4] 姥：读mǔ。

| 译文 |

龙鱼，产在吕宋岛、台湾岛所处的大洋中。它的样子像龙，头上有一根刺像角一样，它有两只耳朵、两条胡须而没有毛。它的鳞是绿色的，尾巴有三个分叉而中间的尖长，背上的鳍翅像鱼脊背上的鱼鳍，四只脚，每爪各有三指，像鹅掌那样胼连在一起。用网可偶然捕得，曝晒成干可以做药物。康熙二十六年，漳州浦头地方的渔民捉住了一条龙鱼，长一丈多，重一百多斤。城中的文官武将都出外城去看。把它扔到水边上，盘在地上也能活，它喜欢吃苍蝇，经常张嘴吸食苍

龍魚産呂宋臺灣大洋中其狀如龍頭上一刺如角兩耳兩鬚而無毛鱗綠色尾三尖而中長背翅如魚脊之旗四足爪各三指而胼如鵝掌然網中偶然得之曝乾可為藥康熙二十六年漳州浦頭地方網户載一龍魚長丈許重百餘斤城中文武俱出郭視之舁之上涯盤於地中亦活喜食蠅每開口吸食之考閩志有龍蝦而無龍魚似乎近年大開海洋始可得也高州府志海中有魚似龍曰龍鯉與此逈異又峨眉山及太姥山池中並有龍魚如蜥蜴狀綠背岐尾而有四爪名勝之區要亦神龍之所幻迹也此圖屢經易稿後遇漳郡陳潘舍始考驗得實

閩海龍魚贊

鰢⿰魚鹿⿰魚夫⿰魚彔魚狀皆有

更變龍形凡類難偶

蝇。查证《闽志》，里面有“龙虾”而没有“龙鱼”，似乎近年来广泛开发海洋才可以捉得到。《高州府志》记载：海中有鱼像龙一样，叫“龙鲤”，但跟这个完全不同。又，峨眉山及太姥山池中都有龙鱼，像蜥蜴的样子，有着绿色的后背、分叉的尾巴，此外还有四爪。一些风景名胜之处应该也是神龙出没不定的区域。这幅图屡经改稿，后来遇到漳州的陈潘舍，才得以考验确定。

人魚其長如人肉黑髮黃手足眉目口鼻皆具陰陽亦與男女同惟背有翅紅色後有短尾及胼指與人稍異耳粤人柳某曾爲予圖予未之信及考職方外紀則稱此魚爲海人正字通作魜云即鮫魚其説與所圖無異因信而録之此魚多產廣東大魚山老萬山海洋人得之亦能著衣飲食但不能言惟笑而已携至大魚山没入水去郭璞有人魚贊廣東新語云海中有大風雨時人魚乃騎大魚隨波往来見者驚怪火長有祝云毋逢海女毋見人魚

人魚贊

魚以人名手足俱全
短尾黑膚背鬛指胼

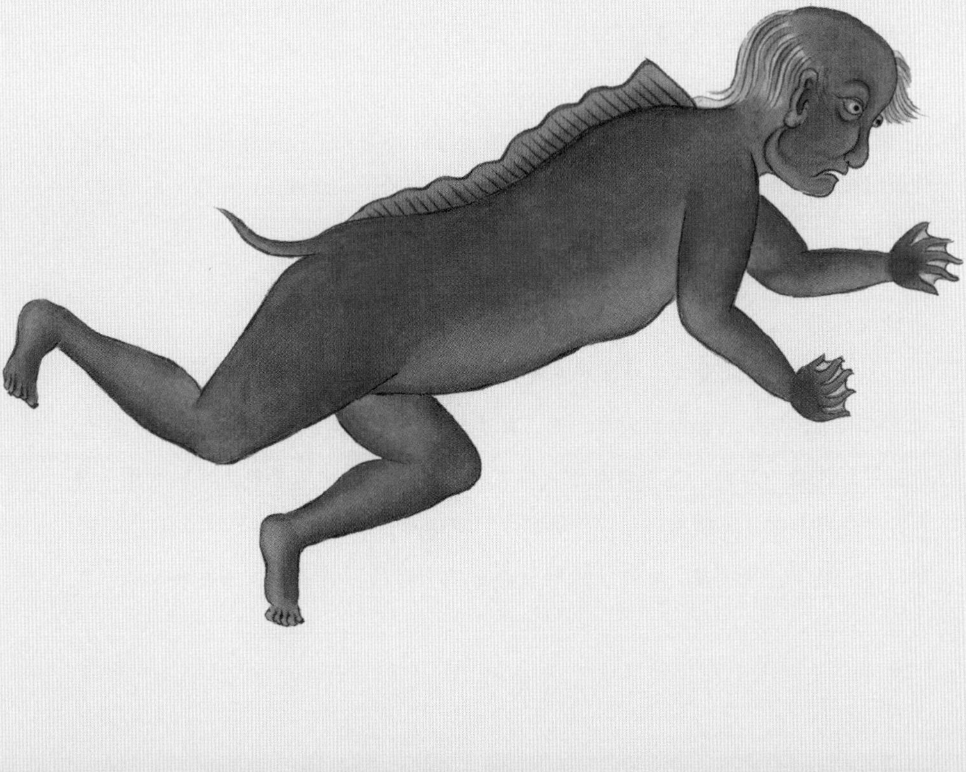

# 人　鱼

人鱼赞：鱼以人名，手足俱全。短尾黑肤，背鬣指骿。

人鱼，其长如人，肉黑发黄，手足、眉目、口鼻皆具，阴阳[1]亦与男女同。惟背有翅，红色，后有短尾及骿指，与人稍异耳。粤语人柳某曾为予图，予未之信。及考《职方外纪》，则称此鱼为“海人”。《正字通》作“魜[2]”，云即鯢[3]鱼，其说与所图无异，因信而录之。此鱼多产广东大鱼山、老万山海洋。人得之亦能着衣饮食，但不能言，惟笑而已。携至大鱼山，没入水去。郭璞有《人鱼赞》。《广东新语》云：海中有大风雨时，人鱼乃骑大鱼，随波往来，见者惊怪。火长[4]有祝云：“毋逢海女，毋见人鱼。”

[1] 阴阳：生殖器。[2] 魜：音rén。[3] 鯢：音yì。[4] 火长：又称舟师，是我国古代航海技术人员，负责海船航行，类似于民船上的船长、驾驶员，军舰上的舰长、航海长。

## | 译文 |

人鱼，它的长度像人的身体那么长，肉是黑色的，头发是黄色的，手脚、眉眼、口鼻都具备，生殖器官也跟人类相同。只是后背上有红色的鳍翅，后面有短尾巴，手指是骿连在一起的，这些特点跟人略有不同。广东人柳某曾经为我画过图，我当时并没有相信。等到考证《职方外纪》，里面称这种鱼为“海人”。《正字通》里写作“魜”，说的就是鯢鱼，这种说法跟图上画的没有差别，于是我才相信了他并记录下来。这种鱼多产在广东大鱼山、老万山海域。有人捉到了它，它也能穿衣服、吃饭、喝水，只是不能说话，只会笑而已。把它带到大鱼山，就跳入水中不知踪迹了。郭璞写有《人鱼赞》。《广东新语》里说：海中有大风雨时，人鱼就骑着大鱼随波往来，见到它的人感到惊骇奇怪。船上的船长曾经有祷告之辞说：“出海别遇到海女，别见到人鱼。”

# 刺　鲇

刺鲇赞：曰鰋曰鳀，鲇之别名。今更号刺，种类变生。

鲇，本无刺[1]，闽海变种之鲇则有刺，大约与有刺之鱼接则生刺矣。闻海中无名之鱼，多非本鱼所育，尽属异类之鱼互相交接[2]。此海鱼诡异状貌之所以难辨而难名也。

[1] 刺：《海错图》原文误作"剌"，据文意改，下同。[2] 交接：交配。

| 译文 |

鲇鱼，本来没有刺，福建海域变种的鲇鱼则有刺，大概是跟有刺的鱼杂交而生出刺来了。听说海中无名的鱼大多都不是本种鱼所生育的，都是各类鱼相互杂交而生的。这就是海鱼样子难以辨别又难以命名的原因。

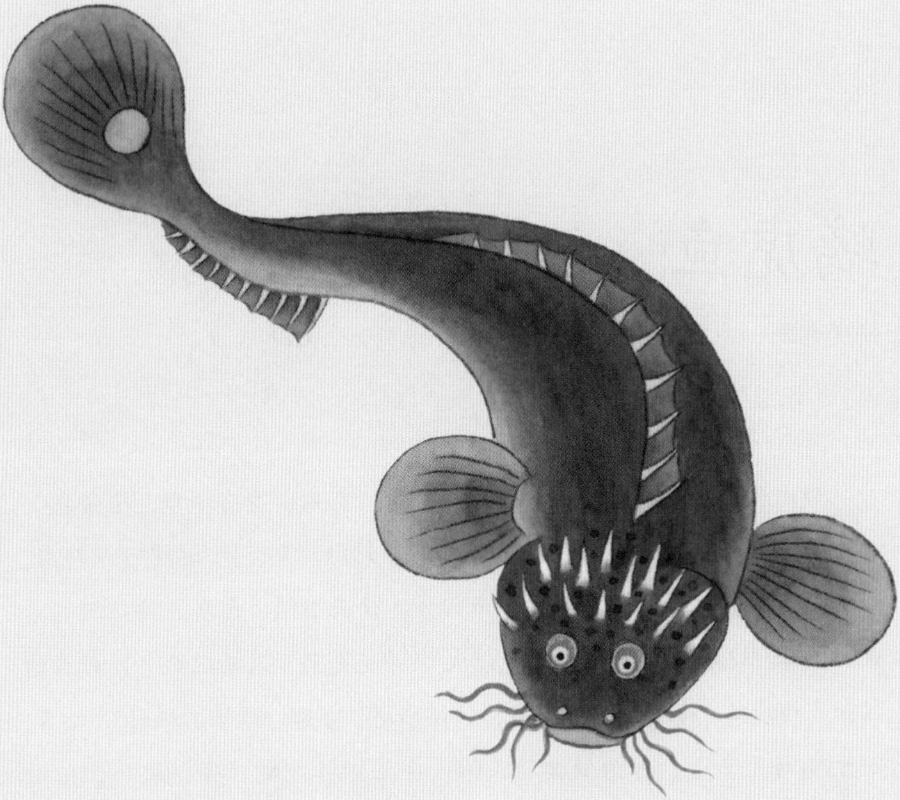

鮎本無刺閩海變種之鮎則有刺大約與有刺之魚接則生刺矣聞海中無名之魚多非本魚所育盡屬異類之魚互相交接此海魚詭異狀貌之所以難辨而難名也

刺鮎贊

曰鰻曰鯷鮎之别名
今更號刺種類變生

# 螭虎鱼

螭虎鱼赞：钟彝垂象，螭列图书。九鼎沦水，螭亦为鱼。

螭虎鱼，产闽海大洋。头如龙而无角，有刺，身有鳞甲，金黄色。四足如虎爪，尾尖而不岐，长不过一二尺。无肉，不可食。其皮可入药用，漳、泉药室多有干者。贾人常携示四方，伪云小蛟，谬矣。按：螭之名最古，垂拱之服[1]，螭绣与山龙藻火[2]并光史册。及后三代[3]，鼎彝诸器，多镂螭象。今《尔雅》诸书，独详蜥蜴、守宫、蝾螈、蝘蜓[4]之名，而于螭则置弗道，可为缺典[5]。惟《字汇》：“螭，音‘鸱’，似蛟无角，似龙而黄。”似矣。又《篇海》云：“蜫蛦似蜥蜴，水虫似龙，出南海。”则海螭又当名“蜫蛦”。

[1] 垂拱之服：指帝王衣服。垂拱，垂衣拱手，常用来歌颂君王无为而治。[2] 山龙藻火：古代帝王及高级官员礼服上十二章纹中的纹饰。十二章纹指日、月、星辰、群山、龙、华虫、宗彝、藻、火、粉米、黼（fǔ）、黻（fú）等十二种纹饰。这些纹饰各有象征意义，如：山，取其稳重、镇定之意；龙，取其神异、变幻之意；藻，取其洁净之意；火，取其明亮之意。[3] 三代：指夏、商、周三个朝代。[4] 蝘：音yǎn。以上四种是蜥蜴或蜥蜴类动物的别名。[5] 缺典：指仪制、典礼等有所欠缺。有时也有“憾事”之义。

| 译文 |

螭虎鱼，产于福建海域大洋中。它的头像龙但没有角，有刺，身披金黄色的鳞甲，四只脚像虎爪，尾巴尖而不分叉，长不过一二尺。螭虎鱼没有肉，不能食用。它的皮可以入药，漳州、泉州的药店里常有晾干的螭虎鱼售卖。商人常带着它跟各地的人展示，把它称为小蛟，这样说是错的。按：螭的名字最为古老，古代帝王的礼服上，螭的纹饰和山、龙、藻、火等十二章纹一起光耀史册。到了后来，夏、商、周三代的鼎、彝等器皿上多镂雕着螭的形象。现在《尔雅》等书单单详细介绍了蜥蜴、守宫、蝾螈、蝘蜓的名字，对螭则避而不谈，可算作是缺憾。只有《字汇》里说："螭，音'鸱'，像蛟没有角，像龙但呈黄色。"这个记载比较准确。又，《篇海》里说："蛫蜨像蜥蜴，是一种像龙的水虫，出自南海。"那么海螭又应当叫"蛫蜨"了。

海云螔螏似蜥蜴水虫似龍出南海則

海螭又當名螔螏

螭虎魚贊

鍾彝垂象螭列圖書

九鼎淪水螭亦為魚

螭虎魚產閩海大洋頭如龍而無角有刺身有鱗甲金黃色四足如虎爪尾尖而不岐長不過一二尺無肉不可食其皮可入藥用漳泉藥室多有乾者賈人常攜來四方僞云小蛟謬矣按螭之名最古垂拱之服螭繡與山龍藻火並光史冊及後三代鼎彝諸器多鏤螭象今爾雅諸書獨詳蜥蜴守宮蠑螈蝘蜓之名而於螭則置弗道可爲缺典惟字彙螭音鴟似蛟無角似龍而黃似矣又篇

# 神　龙

神龙赞：水得而生，云得而从。小大具体，幽明并通。羽毛鳞介，皆祖于龙。神化不测，万类之宗。

龙，《说文》："象形"。《生肖论》："龙耳亏听，故谓之'龙'[1]。"梵书名"那伽[2]"。《尔雅翼》"龙有九似"，"头似驼，角似鹿，眼似鬼[3]，耳似牛，项似蛇，腹似蜃，鳞似鲤，爪似鹰，掌似虎"是也。此绘龙者须知之。图中之龙虚悬。康熙辛巳[4]，德州幸遇名手唐书玉补入，盖宋式也，正得"九似"之意。又，闽中尝访舶人，云：龙首之发，海上游行，亲见直竖上指，阳刚之质如此。今之画家或变体作垂发者，谬矣。

《广东新语》曰：南海，龙之都会[5]。古人入水采珠者，皆绣身面为龙子，使龙以为己类[6]，不吞噬。今日，龙与人益习，诸龙户[7]悉视之为蝘蜓矣。新安有龙穴洲，每风雨即有龙起，去地不数丈，朱鬣金鳞而目烨烨[8]如电。其精在浮沫，时喷薄如瀑泉，争承取之，稍缓则入地，是为龙涎[9]。

[1]"聋"字中的"龙"仅仅是声旁。《说文》中说"聋，无闻，从耳，龙声"，对"龙"字的解释也与"耳聋"之意无任何关联。《生肖论》中的说法（今见于《本草纲目》）是牵强附会的解释。[2] 那伽：其实"那伽"在印度文化里是水属精怪类生物，它多头、无角、长身无足，头的样子酷似眼镜蛇，并且有剧毒，居水中、地下。具有控制水、行云雨的力量。后来佛教传入中国，"那伽"被翻译成"龙"。[3] 眼似鬼：《诗传名物集览》等书作"眼似兔"。[4] 康熙辛巳：康熙四十年，公元1701

年。[5] 都会：集会，会聚。[6] 己类：《海错图》原文误作“已类”，据文意改。[7] 龙户：旧时南方的水上居民。[8] 烨烨：明亮，灿烂。[9] 龙涎：其实龙涎香是抹香鲸的分泌物，是它未能消化的鱿鱼、章鱼的喙骨在肠道内与分泌物结成固体后再被吐出，经阳光、空气和海水长年洗涤后变硬、褪色并散发香气，成为一种香料。

## ｜译文｜

龙，《说文》里说龙是“象形字”。《生肖论》说：“龙听力不好，所以叫它‘龙’。”在印度的书里，龙的名字叫“那伽”。《尔雅翼》里说“龙有九似”，“头像骆驼，角像鹿，眼睛像鬼，耳朵像牛，脖子像蛇，腹部像蜃，鳞像鲤鱼，爪像鹰，掌像虎”。这是画龙的人必须知道的。本书中的龙一直虚悬空白着。康熙四十年，我在德州有幸遇到了绘画名家唐书玉，他帮我把它补上了，画的是宋代龙的样式，正好深得“九似”的意味。又，我在福建地区曾经寻访船员，他们说龙在海上飞行时，他们曾亲眼见到它的须发是直竖朝天的，阳气之盛达到极致。现在有的画家将它变体画成须发下垂的样子，这是错的。

《广东新语》里说：南海，是龙会聚的地方。古代入水采集珍珠的人都在身上和脸上文身刺绣，把自己伪装成龙子的样子，使龙以为是自己的同类，龙就不吞噬人了。现在，人们对龙更加熟悉了，众多水上居民都把它视作壁虎一般了。新安有龙穴洲，每当风雨大作的时候就有龙飞起，离地面没几丈，朱红色的鬣、金色的鳞，眼睛明亮灿烂像闪电一样。它的精华在泡沫里，时常喷薄如瀑泉，人们争相接取，稍微迟缓就进到地里了，这就是所谓的龙涎。

曲爪蚪龍係明嘉靖末蒲人名手吴彬所寫今存有畫在支提山張漢逸見過特為予圖以為此非龍也殆蚪而龍者乎按龍之名有飛應蛟蚪等類不一此必蚪龍也何以明之今松柏之古幹夭矯離奇者不曰蛟枝而曰蚪枝圖内四爪盤曲之勢正相類予故目為蚪龍字彙註蚪謂龍之無角者今其首雖豐而非角歐陽氏曰從斗相斜繚也此龍正得其狀俗作虬

曲爪蚪龍贊

蚪爪屈曲未生尺木
他日為龍飛騰海角

龍說文象形生肖論龍耳虧聰故謂之龍梵書名那伽爾雅翼龍有九似頭似駝角似鹿眼似兎耳似牛項似蛇腹似蜃鱗似鯉爪似鷹掌似虎是也此繪龍者須知之圖中之龍虛懸康熙辛巳德州幸遇名手唐書玉補入蓋宋式也正得九似之意又閩中嘗訪船人云龍首之鬣海上游行親見直豎上指陽剛之質如此今之畫家或變體作垂髮者謬矣

廣東新語曰南海龍之都會古人入水採珠者皆繡身面為龍子使龍以為已類不吞噬今日龍與人益習諸龍戶悉視之為蝦蜑矣新安有龍穴洲每風雨即有龍起去地不數丈朱鬣金鱗而目燁燁如電其精在浮沫時噴薄如瀑泉爭承取之稍緩則入地是為龍涎

神龍贊

水得而生雲得而從小大具體幽明並通
羽毛鱗介皆祖於龍神化不測萬類之宗

# 曲爪虬龙

曲爪虬龙赞：虬爪屈曲，未生尺木。他日为龙，飞腾海角。

曲爪虬[1]龙，系明嘉靖[2]末蒲人名手吴彬[3]所写，今存有画，在支提山。张汉逸见过，特为予图，以为此非龙也。殆虬而龙者乎？按：龙之名有“飞”“应”“蛟”“虬”等类不一，此必虬龙也。何以明之？今松柏之古干夭矫[4]离奇者，不曰“蛟枝”，而曰“虬枝”。图内四爪盘曲之势正相类，予故目为虬龙。《字汇》注“虬”谓“龙之无角者”，今其首虽丰而非角。欧阳氏曰：“从‘斗’，相纠缭[5]也。”此龙正得其状。俗作“虬”。

[1] 虬（qiú）：同“虬”。《海错图》原文误作“蚪”，当是作者书写习惯所致，据文义改。[2] 嘉靖：明朝第十一位皇帝明世宗朱厚熜的年号，明朝使用嘉靖这个年号一共四十五年，嘉靖元年为公元1522年。[3] 吴彬：字文中，又字文仲，自称枝庵发僧、枝隐庵主，莆田人，明代著名画家。[4] 夭矫：屈曲而有气势。[5] 纠缭：缠绕相连的样子。“纠”，《海错图》原文误作“糾（tǒu）”，据文意改。

## | 译文 |

曲爪虬龙，是明代嘉靖末年莆田绘画名家吴彬所画，现在在支提山存有他的画。这幅画张汉逸见过，特地为我临摹了回来，并认为这不是龙。那么莫非它是虬龙？按：龙有“飞龙”“应龙”“蛟龙”“虬龙”等多个种类，这个一定是虬龙。怎么能证明呢？现在松树、柏树屈曲有气势而又古朴离奇的枝干，不叫“蛟枝”，而叫“虬枝”。图中四爪盘曲之势正与此相似，我因此将它视为虬龙。《字汇》解释“虬”是“称没有角的龙”。现在它的头虽然丰满，但那不是角。欧阳氏说：“‘虬’从‘斗’，相互纠缠缭绕的意思。”这条龙正符合它的样子。“虬”字俗作“虬”。

# 盐　龙

盐龙赞：上不在天，下不在田。托迹在海，意恋乎盐。

鳞虫三百六十属，而龙为之长，故诸鱼必统率于龙。然龙神物也，岂可与凡类[1]伍？有盐龙焉，亦海错中之一物也。长仅尺余，头如蜥蜴状，身具龙形，产广南大海中，必龙精余沥[2]之所结也。考诸类书，惟《珠玑薮》载盐龙，云：粤中贵介[3]尝取以贮于银瓶，饲以海盐。俟鳞甲出盐，则收取啖之，以扶阳道。龙，阳物也，其性至淫，无所不接，则无所不生，如与马接则产龙驹，与牛接则产麒麟是也。匪但此也，龙生九种不成龙[4]，如蒲牢[5]、嘲风[6]、霸下[7]、狴犴[8]等类，似兽非兽、似鸟非鸟、似龟非龟、似蛇非蛇，是皆龙种也。则龙之为龙，不但为鳞虫之长，而尤为庶类[9]之宗。故《淮南鸿烈》[10]解曰："万物羽毛鳞介，皆祖于龙。"岂虚语哉？盖《鸿烈》之文出于汉儒，汉儒去古未远，必得古圣精义。《易》曰："有天地然后有万物，有万物然后有男女。"但天地之初，阴阳有气，而品汇[11]无迹。使无一神物介绍于天人之间，吾知巨灵[12]有手，必不能物物而付之以形。龙则能幽能明，能大能小，其母万物也宜乎！观于龙马负图[13]而天人之理贯，则龙不但代天任股肱[14]，而且为天司喉舌[15]矣。所以自有天地千万年以来，造物主宰制群动[16]，凡水旱灾祲[17]、和风甘雨、屈伸消长，所不能屑屑[18]于其间者，意常授之龙。此龙之于世，所以显造化之元微[19]，而运鬼神不测之妙用者也。故天地之初，未生万物而先生龙，自应尔尔。吾尝读《易》，更有以知之矣。《易》卦六十四，取象于羽毛鳞介者不一，而《屯》[20]《蒙》以上，独以

“六龙”系之《乾》[21]。万物祖龙，昭然在《易》。故曰：汉儒之文，必得古圣精义者此也。

[1] 凡类：平凡的一类人或事物。[2] 余沥：本指酒的余滴，剩酒，有时也指他人所剩余的一点利益。[3] 贵介：尊贵富贵之人。[4] 关于“龙生九种不成龙”，龙的“九子”有多种说法。[5] 蒲牢：中国古代神话传说中的龙九子之一，平生好音好吼，人们根据这个特点，把蒲牢形象铸为钟纽。[6] 嘲风：中国古代神话传说中的龙九子之一，平生好险又好望，古代宫殿台角上的走兽就是它的形象。[7] 霸下：又名赑屃（bì xì）、龟趺（fū）、龙龟等，是中国古代传说中龙九子之一，样子似龟而有牙齿，喜欢负重，旧时石碑的碑座多雕其形。[8] 狴犴（àn）：又名宪章，中国古代神话传说中龙九子之一，形似虎，平生好讼，却又有威力，狱门上部的虎头形装饰便是其形象。[9] 庶类：万物，万类。[10]《淮南鸿烈》：《淮南子》的别名。[11] 品汇：事物的品种类别。[12] 巨灵：神灵。[13] 龙马负图：传说伏羲氏时期有龙马从水中负河图而出，历代都将此视为祥瑞。[14] 股肱：指腿和胳膊，意辅弼。[15] 喉舌：比喻掌握机要、出纳王命的重臣，后亦以此指尚书等重要官员。[16] 群动：各种动物。有时泛指众人。[17] 祲（jìn）：古代迷信称不祥之气；妖气。[18] 屑屑：劳瘁匆忙。[19] 元微：即“玄微”（作者为避康熙皇帝的讳而将“玄”写作“元”），深远微妙。[20]《屯（zhūn）》：《周易》六十四卦中的第三卦，下面的《蒙》为《周易》六十四卦中的第四卦。[21] 独以“六龙”系之《乾》：《周易》中《乾》卦彖（tuàn）辞说：“大哉乾元，万物资始，乃统天。云行雨施，品物流形。大明始终，六位时成，时乘六龙以御天。”

## 译文

鳞虫有三百六十类，而以龙为首，所以各种鱼一定受龙的统率。可是，龙是神物，怎么能与平凡之物为伍呢？有一种盐龙，也是种类繁多的海洋生物之一。它长仅一尺多，脑袋像蜥蜴的样子，身体具有龙的形态，产在广东南部海域，一定是龙精的余滴所变成的。考证众多类书，只有《珠玑薮》中记载了盐龙，说：广东地区富贵人家曾经捕取这种盐龙贮存在银瓶里，用海盐饲养。等到它的鳞甲结出盐来，就可以收集起来吃以壮阳。龙，是至阳之物，它的本性至淫，跟各种动物交配，于是无所不生，比如它跟马交配就生龙驹，跟牛交配就生麒麟。不仅如此，龙生九种不成龙，如蒲牢、嘲风、霸下、狴犴等类，像兽不是兽、像鸟不是鸟、像龟不是龟、像蛇不是蛇，这都是龙种。所以，龙之所以是龙，不但因其是鳞虫的首领，更因其是万物的祖先。所以《淮南子》里解释说："万物中长羽毛的、长毛的、长鳞的、长甲壳的，都以龙为祖先。"这岂是虚言啊？《淮南子》的文字出自汉代的儒生，汉代的儒生离上古不远，一定能够继承上古圣贤思想的精华。《易经》里说："有了天地然后有万物，有了万物然后有男女。"但天地的最初状态，有阴阳二气，而各类事物都没有踪迹。假如没有一种神物沟通于天人之间，即使神灵有手，也一定不能每样事物都付之以形。龙能暗能明，能大能小，它作万物之母太适合了！看龙马负河图而天人之理贯通，可知龙不但是代上天在人间担当辅弼之臣，而且是上天掌握机要、出纳王命的重臣。所以，自天地产生千万年以来，造物主统辖支配众生，凡是水涝旱灾、和风甘雨、屈伸消长，凡上天不愿劳瘁其间的，常委托于龙。龙存于这个世界，是为了显示造化的深远微妙，运用鬼神难以料想的能力。所以天地之初，没有万物而先有龙，自然应该是这样。我曾熟读《周易》，对此更有深入理解。《周易》有六十四卦，取象于羽毛鳞介者不一，而《屯》卦《蒙》卦以上，单单以"六龙"之象关联《乾》卦。万物以龙为祖先，在《周易》中体现得非常明显。所以说：汉儒的文章，一定能融汇上古圣贤思想的精华，原因就在这里。

鱗蟲三百六十屬而龍爲之長故諸魚必統率於龍然龍神物也豈可與凡類伍有盐龍焉亦海錯中之一物也長僅尺餘頭如蜥蜴狀身具龍形産廣南大海中必龍精餘瀝之所結也考諸類書惟珠璣藪載盐龍云粤中貴介嘗取以貯於銀瓶飼以海盐俟鱗甲出盐則收取啖之以扶陽道龍陽物也其性至淫無所不接則無所不生如與馬接則産龍駒與牛接則産麒麟是也匪但此也龍生九種不成龍如蒲牢嘲風霸下狴犴等類似獸非獸似鳥非鳥似黿非黿似蛇非蛇是皆龍種也則龍之爲龍不但爲鱗蟲之長而尤爲庶類之宗故淮南鴻烈解曰萬物羽毛鱗介皆祖於龍豈虚語哉盖鴻烈之文出於漢儒漢儒去古未遠必得古聖精義易曰有天地然後有萬物有萬物然後有男女但天地之初陰陽有氣而品彙無迹使無一神物介紹於天人之間吾知巨靈有手必不能物物而付之以形龍則能幽能明能大能小其母萬物也宜乎觀於龍馬負圖而天人之理貫則龍不但代天任股肱而且爲天司喉舌矣所以自有天地千萬年以來造物主宰制羣動凡水旱災祲和風甘雨屈伸消長所不能屑屑於其間者意常授之龍此龍之於世所以顯造化之允徵而運兕神不測之妙用者也故天地之初未生萬物而先生龍自應爾爾吾嘗讀易更有以知之矣易卦六十四取象於羽毛鱗介者不一而乇家以上獨以六龍繫之乾萬物祖龍昭然在易故曰漢儒之文必得古聖精義者此也

盐龍贊

上不在天下不在田
託跡在海意戀乎盐

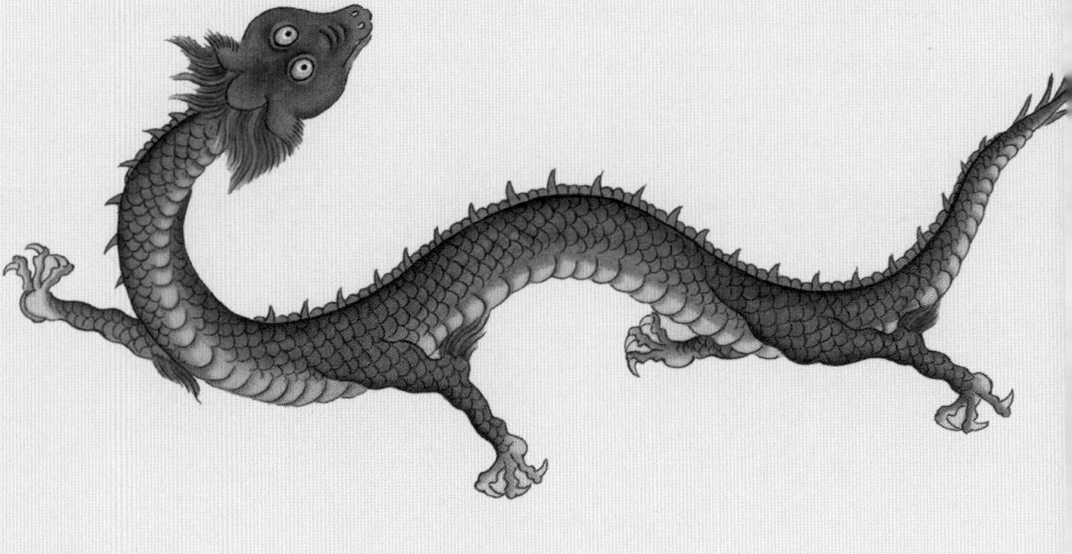

# 海　鳝

海鳝赞：剑自龙化，舄作凫迁。鳝跃道傍，变珊瑚鞭。

海鳝，色大赤而无鳞，全体皆油，不堪食。干而盘之，悬以充玩而已。大者粗如臂，长数尺，亦赤。张汉逸曰：“大者名‘油龙’。亦有嗜食者，云亦肥美。”《字汇·鱼部》有“鮹[1]”字，注称：“海鱼，形似鞭鞘。”更有“鯾[2]”字，宜合称之为“鯾鮹”，则海鳝之状确似也。

[1] 鮹：音shāo。[2] 鯾（biān）：古同“鳊”。

| 译文 |

海鳝，颜色大红而没有鳞，全身都是油脂，不能食用。晾干之后盘起来，悬挂着充当玩物而已。大的像胳膊那么粗，长几尺，也是红色的。张汉逸说：“大的海鳝叫‘油龙’。也有人喜欢吃它，说它很肥美。”《字汇·鱼部》有“鮹”字，注释称：“海鱼，形状像鞭子末端。”还有“鯾”字，宜合称为“鯾鮹”，那么，其描述与海鳝的样子确实很像。

海鱔贊

劍自龍化，鳥作鳧還。
鱔躍道傍，變珊瑚鞭。

海鱔色大赤而無鱗全體皆油不堪食乾而鹽之懸以充玩而已大者粗如臂長數尺亦赤張漢逸曰大者名油龍亦有嗜食者云亦肥美字彙魚部有鮹字註稱海魚形似鞭鞘更有鯾字宜合稱之為鯾鮹則海鱔之狀確似也

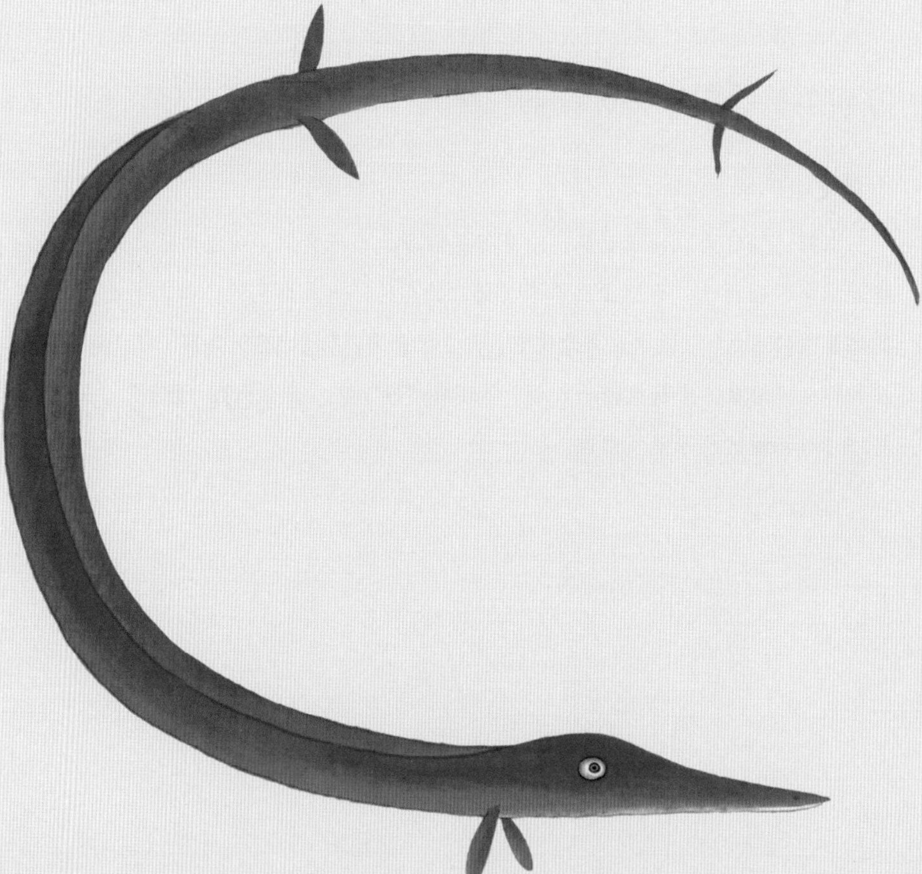

海蛇生外海大洋形如蛇而無鱗甲如鰻體狀其斑則紅黑青黃不等至冬春雨後晴明多緣海崖受日色遇人見則躍入海澎湖臺灣海中甚多臺灣民番皆食之然其狀不及見康熙己卯張漢逸姊丈金華香室有乾海蛇二條云為琉球人所贈可為治瘋之藥其蛇頭圓而有鱗紋一如蛇狀柰皮脫不知其色海人語以斑點色因為圖之臺灣海蛇另是一種也

海蛇贊

古昔龍蛇
驅放之沮
至今海表
尚存其餘

# 海　蛇

海蛇赞：古昔龙蛇，驱放之沮。至今海表，尚存其余。

海蛇，生外海大洋，形如蛇而无鳞甲，如鳗体状，其斑则红黑青黄不等。至冬春雨后晴明[1]，多缘海崖受日色，遇人见则跃入海。澎湖、台湾海中甚多，台湾民番皆食之。然其状不及见。康熙己卯[2]，张汉逸姊丈金华香室有干海蛇二条，云为琉球人所赠，可为治疯之药。其蛇头圆而有鳞纹，一如蛇状，奈皮脱不知其色。海人语[3]以斑点色，因为图之。台湾海蛇另是一种也。

[1] 晴明：天气晴朗。[2] 康熙己卯：康熙三十八年，公元1699年。[3] 语（yù）：告诉。

| 译文 |

海蛇，生在外海大洋，外形像蛇但是没有鳞片，长得像鳗鱼的样子，全身有红黑青黄不等的斑点。在冬天或春天雨后天气晴朗之时，多攀上海崖晒太阳，发现有人便就跳入海中。我国澎湖、台湾海域非常多，台湾岛的民众都吃它。但是它的样子我没能见到。康熙三十八年，我在张汉逸的姐夫金华香的房间里见到干海蛇两条，说是琉球人所赠，可以用作治疗疯疾的药。这种蛇头圆而有鳞纹，完全像蛇的样子，怎奈已经脱皮了，不知道它的颜色。常年住在海边的人告诉我它的斑点的颜色，于是我就画了下来。台湾海蛇则另是一种。

# 刺　鱼

刺鱼赞：虎豹在山，不采蒺藜。海鱼有刺，可制鲸鲵。

**刺鱼，产闽海。身圆无鳞，略如河豚状而有斑点。周身皆刺，棘手难捉，亦不堪食。时干之为儿童戏耳。大者去其肉可为鱼灯。《字汇·鱼部》有“鯯[1]”字，疑即此鱼也。**

[1] 鯯：音zhì。

**|译文|**

刺鱼，产于福建海域。它的身体呈圆形，没有鳞片，有些像河豚的样子但有斑点。它全身都是刺，很扎手，难以捕捉，也不能食用。人们常把它晒干给儿童当玩具。大的去掉它的肉可以制成鱼灯。《字汇·鱼部》里有“鯯”字，我怀疑指的就是这种鱼。

刺魚産閩海身圓無鱗略如河豚狀而有斑點週身皆刺棘手難捉亦不堪食時乾之為兒童戲耳大者去其肉可為魚燈字彙魚部有鯻字疑即此魚也

刺魚贊

虎豹在山不採蒺藜
海魚有刺可制鯨鯢

# 鳄　鱼

鳄鱼赞：鳄以文传，其状难见。远访安南，披图足验。

鳄鱼，类书及《字汇》云：似蜥蜴而大，水潜，吞人即浮。《潮州志》载：府城东海边有鳄溪，亦名“恶溪”，有鳄鱼，往往为人害。鹿行崖上，群鳄鸣吼，鹿大怖，落崖，鳄即吞食。《珠玑薮》载：鳄鱼一产百卵，及形成，有为蛇、为龟、为鲛鲨种种不同之异。韩昌黎[1]有《祭鳄文》[2]，亦恶其为人物害也。其文后注：鳄鱼尾上有胶，水边遇有人畜，即以尾击拂之，即粘之入水而食。诸说如此。其鱼狞恶[3]难捕，其真形不可得见。康熙己卯[4]春，闽人俞伯谨云曾于安南国[5]亲见。细询其详，述：“自康熙三十年，表兄刘子兆为海船主人，自闽载客货往安南贸易，携予偕往。自福省三月二十五日开船，遇顺风，七日抵安南境，二十四日[6]进港登岸。游其国都，见番人皆披发跣足[7]。适安南番王为王考[8]作周年，令各府及各国献异物焚祭，以展孝思。时东坡蔗地方[9]献犀牛，其角在鼻，体逾于水牯而尾长，尾上毛大如斗，身有斑驳，如松皮状而黑灰色。又，所属新州府官献长尾猴，其猴身上赤下黑，尾长尺余。又，浦门府官献乳虎十三头，仅如狗大而色黄。惟占城国贡鳄鱼三条，各长二丈余，以竹篾作巨筐笼之，尚活。其鱼金黄色，身有甲如鱼鳞，鳞上生金线三行；口方而阔，有两耳，目细长，可开阖[10]；四足短而有爪，尾甚长，不尖而扁；牙虽刺而无舌。逢人物在水崖，则以尾拨入水吞之。所最异者，两目之上及四腿之傍，有生成火焰，白上衬红如绘。将祭之日，欲焚诸物，诸番臣以犀牛有角可珍、长尾猴具有灵性，俱不伤人，焚之可惜。番王令放其猴于山，犀牛养于浦村港口，令牧人日给以刍[11]。惟鳄鱼及乳虎异[12]至淳化地方，架薪木焚祭，远近聚观者数万人。此日畅玩，是以得备识鳄鱼形状。”即为予图，并记其事。愚按：龙称神物，故被五色而游，而《诗》亦曰“为龙为光”[13]。故绘龙者，每增火焰，非矫饰也。今鳄体有生成赤光，俨类龙种，但其性恶戾[14]，特龙种之恶者耳。其所生种类，亦必不善。海中有钩蛇，其尾有钩；魟鱼尾如蝎而有毒；鲛鲨之大者能吞人、吞舟。参之《珠玑薮》之说，宁皆非鳄之余孽乎？此予所以于魟鱼、鲨鱼之上，而必以鳄统之也。张汉逸曰：“存翁[15]著此图，考于古者，既稽之芸简[16]；访于今者，又询于刍荛[17]。故每能以其所已知者，推及其所不及知者。如鳄身光焰，群书不载。不经目击者取证，何由详悉如此？”予曰：“一人之耳目有限，千百人之闻见无穷。蜥蜴之状，掉尾之说，吞人畜之事，凭乎人之所言，更合乎书之所记，信乎不谬。”

[1] 韩昌黎：韩愈（768—824），字退之，唐代杰出的文学家、思想家、哲学家、政治家。韩愈自称“郡望昌黎”，世称“韩昌黎”“昌黎先生”。[2]《祭鳄文》：一作《祭鳄鱼文》，韩愈所作的散文。《新唐书·韩愈传》记载：元和十四年（819年），韩愈因谏迎佛骨，触怒了唐宪宗，被贬为潮州刺史。韩愈到潮州上任后，听说境内恶溪中有鳄鱼为害，写下了这篇《祭鳄鱼文》，劝鳄鱼搬迁。[3] 狞恶：狰狞；凶恶。[4] 康熙己卯：康熙三十八年，公元1699年。[5] 安南国：越南古称“安南”。[6] 此处俞伯谨所叙述的时间前后错乱，或是作者书写有误。译文依原文，未作更改。“二十四日”亦有可能指二十四天，但从福建到安南才用了七天，进港却用了二十四天，似乎不太合理。又，查《二十史朔闰表》，康熙三十年三月共29天，三月二十五日出发，七日后为四月初三，则“二十四日”可能为“四月四日”之误，这样，四月三日抵安南境，四月四日进港登岸，较为合理。[7] 跣（xiǎn）足：光着脚。[8] 王考：对已故祖父的敬称或对已故父亲的敬称。这里指安南的先王。[9] 地方：某一区域。[10] 目细长，可开阖：古人不知道鳄鱼属于爬行动物，而将其归为鱼类，但又早就发现鱼的眼睛不能开阖，才会觉得这种“鱼”眼睛能开阖是很

特别的特征，故而特地记述这一点。[11] 刍（chú）：割草，拔草。也指喂养牲畜的草。[12] 舁（yú）：共同抬东西。[13] 为龙为光：《诗经·小雅·蓼萧》中的句子："蓼彼萧斯，零露瀼瀼。既见君子，为龙为光。"《诗》，指《诗经》。[14] 恶戾：凶恶乖戾。[15] 存翁：《海错图》的作者聂璜字存庵，故张逸汉称他为"存翁"。[16] 芸简：书。[17] 刍荛（ráo）：指割草打柴的人。

## | 译文 |

鳄鱼，类书及《字汇》里说，它像蜥蜴但比蜥蜴大，平时潜在水里，吞吃人的时候就浮上岸。《潮州志》里记载：府城东海边有鳄溪，也叫"恶溪"，里面有鳄鱼，常常害人。有鹿行走在山崖上，群鳄吼叫，鹿非常害怕，掉落到山崖下，鳄鱼就吞食它。《珠玑薮》里记载：鳄鱼一次产上百枚卵，等到孵化成形，有变成蛇的、变成龟的、变成鲛鲨的，种种各有不同。韩愈写有《祭鳄鱼文》，也是憎恶它危害人和动物。其文后注释说：鳄鱼尾巴上有胶，在水边遇到人和牲畜，用尾巴击打扫动，就将其粘入水中吃掉。各种说法大多如此。这种鱼狰狞凶恶，难以捕捉，所以它真正的样子人们无法亲见。康熙三十八年春，福建人俞伯谨自称曾经在安南国亲眼见到鳄鱼。我仔细询问详细情况，他说："从康熙三十年起，表兄刘子兆当了船长，从福建运载客人和货物前往安南贸易，有时带我一同前去。三月二十五日从福建出发，一路顺风顺水，七天后到达安南境内，二十四日进港登岸。游览其国都，见外国人都是披散着头发光着脚的。正赶上安南番王为先王作周年祭祀，命令各府及各国献宝物焚烧祭祀，以表达孝心与思念之情。当时东坡蔗地区进献了犀牛，它的角长在鼻子上，身体比雄性水牛还大，而且尾巴很长，尾巴上的毛张开，像斗那么大，身上有斑，像松树皮的样子，是黑灰色的。又，所属新州府官献长尾猴，那猴子的身体上红下黑，尾巴长一尺多。又，浦门府官献幼虎十三头，仅像狗那么大而颜色发黄。唯占城国献上鳄鱼三条，各长两丈多，用竹篾做的大筐装着，还是活的。那种鳄鱼是金黄色的，身上有像鱼鳞一样的甲，鳞上有三行金线；鱼嘴是方的而且很宽，有两只耳朵，眼睛细长，可以开合；四只脚很短而有爪子，尾巴特别长，不尖但扁；牙齿像刺一样但没有舌头。遇到人或动物在水边，就用尾巴扫入水中吞吃。最神奇的是，两只眼睛的上边和四条腿

如繪將發之日欲焚諸物諸番臣以犀牛有角可
珍長尾猴具有靈性俱不傷人焚之可惜番王令
放其猴於山犀牛養於浦村港口令牧人日給以
芻惟鱷魚及乳虎舁至淳化地方架薪木焚發遠
近聚觀者數萬人此日暢玩是以得備識鱷魚形
狀即為予圖并記其事愚按龍稱神物故被五色
而遊而詩亦曰為龍為光故繪龍者每增火鬣非
矯飾也今鱷體有生成赤光儼類龍種但其性惡
戾特龍種之惡者耳其所生種類亦必不善海中
有鉤蛇其尾有鉤魟魚尾如蠍而有毒鮫鯊之大
者能吞人吞舟枀之珠璣藪之說寧皆非鱷之餘
孽乎此予所以於魟魚鯊魚之上而必以鱷統之
也張漢逸曰存翁著此圖考於古者既稽之芸簡
訪於今者又詢於芻蕘故每能以其所已知者推
及其所不及知者如鱷身光焰群書不載不經目
擊者取證何由詳悉如此予曰一人之耳目有限
千百人之聞見無窮蜥蜴之狀棹尾之說吞人畜
之事憑乎人之所言更合乎書之所記信乎不謬

鱷魚贊

鱷以文傳其狀難見
遠訪安南披圖足驗

鱷魚類書及字彙云似蜥蜴而大水潛吞人即浮潮州志載府城東海邊有鱷溪亦名惡溪有鱷魚往往為人害鹿行厓上羣鱷鳴吼鹿大怖落厓鱷即吞食珠璣藪載鱷魚一産百卵及形成有為蛇為龜為鮫鯊種種不同之異韓昌黎有祭鱷文亦惡其為人物害也其文後註鱷魚尾上有膠水邊遇有人畜即以尾擊拂之即粘之入水而食諸說如此其魚獰惡難捕其真形不可得見康熙已卯春閩人俞伯謹云曾於安南國親見細詢其詳述自康熙三十年表兄劉子兆為海舶主人自閩載客貨往安南貿易携予偕往自福省三月二十五日開船遇順風七日抵安南境二十四日進港登岸游其國都見番人皆披髮跣足適安南番王為王考作週年令各府及各國獻異物焚祭以展孝思時東坡蔗地方獻犀牛其角在鼻體逾於水牯而尾長尾上毛大如斗身有斑駁如松皮狀而黑灰色又所屬新州府官獻長尾猴其猴身上赤下黑尾長尺餘又浦門府官獻乳虎十三頭僅如狗大而色黄惟占城國貢鱷魚三條各長二丈餘以竹篾作巨筐籠之尚活其魚金黄色身有甲如魚鱗鱗上生金線三行口方而濶有兩耳目細長可開闔四足短而有爪尾甚長不尖而扁牙雖刺而無舌遇人物在水崖則以尾發入水吞之所家黑

的旁边生有火焰图案，火焰是白色的，上面衬着红色，像画的一样。将要祭祀那天，要焚烧各种东西，各位番邦大臣认为犀牛有角值得珍视，长尾猴颇通灵性，这两种动物都不伤人，焚烧了可惜。番王下令把长尾猴放归山林，犀牛养在浦村港口，让饲养的人每天打草喂养。只有鳄鱼和幼虎被抬到淳化地区，架起木柴焚烧祭祀，远近聚过来观看的有几万人。这一天游玩得很畅快，因此有机会完全认清了鳄鱼的样子。”于是为我画了图，并记下了这件事。

愚按：龙被称为神物，所以游动时身披五彩，而《诗经》里也有“为龙为光”这样的句子。所以画龙的人，常常在龙身上增画火焰，不是造作夸张。现在鳄鱼身上生有红光，俨然是龙种，但它生性凶恶乖戾，应是龙种里尤为凶恶的。它的后代，也一定不善。海中有钩蛇，它的尾巴有钩；魟鱼尾巴像蝎子而且有毒；大的鲛鲨能吞人、吞舟。参考《珠玑薮》里的说法，难道不都是鳄的余孽吗？这就是我为什么在魟鱼、鲨鱼之上，一定以鳄鱼作为它们的血脉源头的原因。张汉逸说：“存翁，你画《海错图》时，既考证了古书的记载，又寻访了当世之人，所以才能以自己所知道的东西推及自己不知道的东西。比如，鳄鱼身上有光焰，各种书籍都没有记载。不经过亲眼见到的人描述，你怎么能够了解得这么全面？”我说：“一个人的见闻有限，千百人的见闻无穷。它长得像蜥蜴的样子，掉尾吞食人畜的事是通过人们所说才了解到的，而且又与书中的记载相符，可见推断一定确实不假。”